无人机螺旋桨的空气动力学设计

高永卫　著

西北工业大学精品学术著作培育项目资助出版

科学出版社

北　京

内 容 简 介

螺旋桨动力系统是无人机最常见的动力系统形式之一。本书重点针对中小型无人机的特点，介绍螺旋桨的基本理论与设计方法，主要内容包括：螺旋桨基本理论、翼型与螺旋桨的关系、无人机螺旋桨的设计与优化、无人机螺旋桨性能计算和风洞试验研究方法，以及涵道螺旋桨设计方法等。基于翼型的性能特点体现螺旋桨的性能特点，本书强调先选择合适的翼型，再紧密结合优化设计方法设计得到高性能的螺旋桨外形。本书从基本原理出发，结合现代数值方法与试验方法，采用由浅入深、理论结合实践的方式进行介绍，知识系统性强，容易理解。

本书适合从事螺旋桨空气动力学设计与研究工作的读者，也可作为普通高等院校相关专业的参考书，以及供无人机爱好者参考使用。

图书在版编目(CIP)数据

无人机螺旋桨的空气动力学设计/高永卫著. —北京：科学出版社，2022.10
ISBN 978-7-03-073166-1

Ⅰ. ①无… Ⅱ. ①高… Ⅲ. ①无人驾驶飞机-推进器-空气动力学-设计
Ⅳ. ①V279

中国版本图书馆 CIP 数据核字（2022）第 171469 号

责任编辑：宋无汗 / 责任校对：崔向琳
责任印制：吴兆东 / 封面设计：陈 敬

科 学 出 版 社 出版
北京东黄城根北街 16 号
邮政编码：100717
http://www.sciencep.com

北京厚诚则铭印刷科技有限公司印刷
科学出版社发行 各地新华书店经销
*

2022 年 10 月第 一 版 开本：720×1000 1/16
2024 年 1 月第三次印刷 印张：11 1/2
字数：232 000

定价：128.00 元
（如有印装质量问题，我社负责调换）

前　　言

　　螺旋桨动力系统包括螺旋桨、发动机和其他配套装置，是中小型无人机领域广泛采用的动力形式。螺旋桨是动力系统中将旋转动力转换为轴向动力的部件。相比涡轮喷气发动机，以螺旋桨为动力的无人机具有燃油经济性好、起飞着陆容易、维护保养简便的特点。中小型无人机螺旋桨的典型雷诺数在几万至百万量级，其外形和空气动力学特性呈现多样性，值得仔细研究。

　　随着中小型无人机的用途越来越广泛，对于螺旋桨的设计需求也越来越多。在目前的技术和经济条件下，设计和制造能够飞行的无人机相对比较简单，但是达到较高技术水平，并在市场上具有足够竞争力却越来越不容易。为了提高无人机的性能，螺旋桨承担着能量转换的重要功能，是必须仔细考虑的问题。每一款无人机都不一样，为了达到理想的技术水平和足够的市场竞争力，每一款无人机都须具有独特的性能亮点，无论是在飞行速度、飞行高度、飞行续航时间、操控能力，还是在特殊外形方面，都要求无人机的每一个环节尽量精益求精，确保达到期望的性能。因此，仅螺旋桨的使用条件和要求就存在很多特殊性。

　　另外，螺旋桨对于使用环境的依赖性比较强。不同的安装形式、与机身或机翼的相对位置等都会影响螺旋桨的空气动力学性能。因此，需要针对每一款无人机螺旋桨进行针对性的设计，以期得到最佳的结果。这与在市场购买成衣和定制衣服是类似的道理。

　　目前，我国很多单位在螺旋桨和发动机及动力系统（本书指螺旋桨和发动机）与飞机的匹配方面还存在较多认识不足的情况，特别是在现有螺旋桨与发动机的选择方面显得过于粗放，很多情况下，没有发挥出发动机或螺旋桨的应有性能。因此，即使选择现有的螺旋桨也需要慎重考虑螺旋桨与发动机、动力系统与飞机的匹配问题。

　　虽然螺旋桨的设计早在 20 世纪 30 年代就开始了系统研究，也涌现了一大批重要研究成果和经典著作，但是能够系统深入地掌握却是一件不容易的事情。本书的撰写有两方面的考虑。一方面，本书主要针对需要快速入门，并希望在短期内和一定条件下设计出较好性能螺旋桨的读者。截至 2021 年，作者从事旋转机械设计（螺旋桨、涵道螺旋桨、通风机叶片、风力发电叶片等的设计）已经整整 30 年了，期间遇到了许多困惑，也经历了许多挫折，甚至有时与生命危险十分接近。因此，希望本书为经验不足的读者在入门和提高的时候提供一条便捷和可靠的参考途径。另一方面，螺旋桨设计是一项非常复杂的工作，涉及空气动力学、飞行器设计、飞行动力学、结构与材料、加工工艺等众多方面,真正将螺旋桨设计做成一门学问,还需要整个行业的共同努力。本书通过总结与思考,希望对于需要进一步深入研究的读者也能提供一定的研究思路和经验借鉴,对螺旋桨的设计研究起到抛砖引玉的作用。

在不特别说明和强调时,本书中的螺旋桨性能主要指螺旋桨的空气动力学性能,即螺旋桨的拉力/推力、扭矩、功率和空气动力学效率等。

作为翼型、叶栅空气动力学国家级重点实验室的成员,作者自认为肩负着研究和推广翼型、叶栅空气动力学知识与研究成果的责任。因此,本书主要以二维翼型作为思考和讨论的主要模式介绍螺旋桨设计工作。

感谢西北工业大学精品学术著作培育项目的资助。感谢安徽劲旋风航空科技有限公司等单位在发动机特性及螺旋桨性能需求方面提供的大量资料。感谢我的夫人、女儿及研究生和同事们,是他们给了我莫大的鼓励与支持。

限于作者水平,书中难免存在不妥与可改进的地方,敬请专家和读者不吝指正。

目　　录

第 1 章　螺旋桨概述

螺旋桨空气动力学设计人员首先需要考虑如何在满足拉力/推力等要求和功率、油耗等限制条件下，设计出效率尽可能高的螺旋桨，即螺旋桨的效率尽可能接近最高效率。因此，设计人员必须了解螺旋桨的最高效率及如何达到最高效率。螺旋桨的最高效率是指在一定假设条件下，螺旋桨理论上能够达到的效率上限，通常又称理想效率。下面将从螺旋桨空气动力学的基本理论出发，介绍螺旋桨效率的理论上限和各种相关因素对螺旋桨最高效率的影响，为设计高性能的螺旋桨奠定理论基础。

1.1　螺旋桨的组成与分类

典型的螺旋桨由桨叶、桨毂和桨帽组成，如图 1-1 所示。

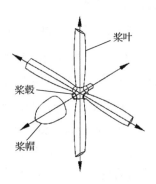

图 1-1　螺旋桨组成示意图

螺旋桨的分类有许多种，可按桨叶角是否可调、桨叶数量、螺旋桨直径、桨叶材料等进行分类。一般来讲，桨叶角是指桨叶前缘和后缘连线与旋转平面的夹角。螺旋桨按桨叶角是否可调分为固定桨叶角螺旋桨（又称定距桨）和可调整桨叶角螺旋桨（又称变距桨）。其中，变距桨又分为飞行中可调整桨叶角的变距桨和只能在地面手动调整桨叶角的变距桨。螺旋桨按桨叶数量分为 2 叶螺旋桨、3 叶螺旋桨和 4 叶螺旋桨等。螺旋桨按螺旋桨直径分为小型螺旋桨、中型螺旋桨和大型螺旋桨等。螺旋桨按桨叶材料分为木质螺旋桨、复合材料螺旋桨和金属螺旋桨等。

1.2　螺旋桨的动量方程

如图 1-2 所示，取通过螺旋桨桨盘的流管及其上下游无穷远处构成控制体。假设来流气体密度为 ρ，未受螺旋桨扰动的轴向速度和压强分别为 V_∞ 和 p_∞。当气流逼近螺旋桨桨盘时，轴向速度增大、压强减小，螺旋桨桨盘前的压强（静压）为 p，气流通过螺旋桨桨盘后压强增加 Δp，轴向速度增大为 $V_\infty(1+a)$，其中 a 为螺旋桨桨盘处轴向诱导因子，定义为 $a=(V-V_\infty)/V_\infty$，V 是桨盘处气流轴向速度；当气流到远下游面 S_1 处时，压强恢复到原来流压强 p_∞，但轴向速度进一步增大为 $V_\infty(1+b)$，其中 b 为远下游诱导因子，b 的定义为 $b=(V_1-V_\infty)/V_\infty$，$V_1$ 是远下游处滑流轴向速度。

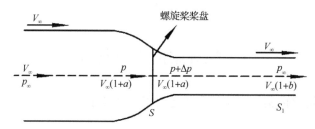

图 1-2　螺旋桨动量方程示意图

设螺旋桨桨盘的面积为 S，由动量定理可知，螺旋桨对气流的作用力（与螺旋桨的推力 T 大小相等、方向相反）等于单位时间内气流通过桨盘动量的增量，即

$$T = \rho S V_\infty(1+a)[V_\infty(1+b)-V_\infty] = \rho S V_\infty^2 b(1+a) \tag{1-1}$$

式（1-1）为螺旋桨动量方程，其中 $\rho S V_\infty(1+a)$ 为单位时间内流过桨盘的气体质量。

首先考察桨盘处轴向诱导因子 a 和远下游诱导因子 b 的关系。假设气流流动为不可压缩理想势流，桨盘前后的伯努利方程可分别写为

桨盘前气流总压：

$$p_{0,\infty} = p_\infty + \frac{1}{2}\rho V_\infty^2 \tag{1-2}$$

桨盘后气流总压：

$$p_{0,1} = p + \Delta p = p_\infty + \frac{1}{2}\rho V_\infty^2 (1+b)^2 \tag{1-3}$$

则桨盘前后总压差为

$$\Delta p = \left[p_\infty + \frac{1}{2}\rho V_\infty^2 (1+b)^2 \right] - \left(p_\infty + \frac{1}{2}\rho V_\infty^2 \right) = \rho V_\infty^2 b\left(1+\frac{b}{2}\right) \tag{1-4}$$

螺旋桨推力为

$$T = S\Delta p = S\rho V_\infty^2 b\left(1+\frac{b}{2}\right) \tag{1-5}$$

式（1-1）和式（1-5）相等，得

$$\rho SV_\infty^2 b(1+a) = S\rho V_\infty^2 b\left(1+\frac{b}{2}\right) \tag{1-6}$$

即

$$a = \frac{b}{2} \tag{1-7}$$

也就是说，由动量方程可知,在桨盘处的气流速度增量是螺旋桨远下游滑流区内速度增量的一半。这是一个非常有用的结论，以后会经常用到。

由式（1-1）和式（1-7）可得

$$T = 2S\rho V_\infty^2 (1+a)a \tag{1-8}$$

记螺旋桨无其他损失条件下的消耗功率为 P，则

$$P = 2S\rho V_\infty^3 (1+a)^2 a \tag{1-9}$$

螺旋桨的空气动力学效率定义为螺旋桨产生的有效功率与螺旋桨消耗功率的比值，即

$$\eta = \frac{TV_\infty}{P} = \frac{1}{1+a} \tag{1-10}$$

式（1-10）表明了螺旋桨的空气动力学效率与轴向诱导因子的关系，轴向诱导因子越小，空气动力学效率越高。

1.3　螺旋桨的能量方程

为了方便分析，将螺旋桨的桨盘划分成若干小圆环，如图 1-3 所示，每个小圆环称为环素。图 1-3 中，r 表示环素距旋转中心的距离，dr 表示环素的宽度。dS 表示环素的面积，$dS = \pi r dr$。u 表示该处的轴向速度，ω 表示流体的角速度。在桨盘远下游 S_1 截面处的螺旋桨滑流内的静压为 p_1，轴向速度为 u_1，滑流内距螺旋桨旋转轴距离为 r_1 处的气流角速度为 ω_1，桨盘直径为 R。

由质量守恒定律可知：

$$\rho_1 u_1 \pi r_1 dr_1 = \rho u \pi r dr \tag{1-11}$$

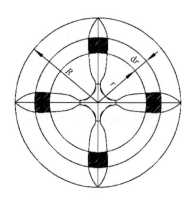

图 1-3　螺旋桨桨盘环素示意图

假设 $\rho_1 = \rho$，则

$$u_1 r_1 \mathrm{d}r_1 = u r \mathrm{d}r \tag{1-12}$$

螺旋桨微元的扭矩等于单位时间内滑流中通过该环素气流角动量的增量，即

$$\mathrm{d}Q = \rho u \omega r^2 \mathrm{d}s \tag{1-13}$$

由动量矩定理可知，气流在桨盘向后的流动中，角动量不变，即

$$\omega_1 r_1^2 = \omega r^2 \tag{1-14}$$

由伯努利方程可得，桨盘远前方气流总压为

$$p_{0,\infty} = p_\infty + \frac{1}{2}\rho V_\infty^2 \tag{1-15}$$

桨盘前的气流总压为

$$p_0 = p_\infty + \frac{1}{2}\rho V_\infty^2 = p + \frac{1}{2}\rho u^2 \tag{1-16}$$

式中，u 为气流轴向速度。这里假设气流没有沿桨叶径向的流动。

桨盘后的气流总压为

$$p_{0,1} = p + \Delta p + \frac{1}{2}\rho(\omega^2 r^2 + u^2) \tag{1-17}$$

由于假定桨盘后的气流流动无损失，桨盘远后方气流总压也为

$$p_{0,1} = p_1 + \frac{1}{2}\rho(u_1^2 + \omega_1^2 r_1^2) \tag{1-18}$$

式（1-17）中的 $\frac{1}{2}\rho\omega^2 r^2$ 代表桨盘处气流旋转带走的动能。由式（1-16）和式（1-17）有

$$p_{0,1} - p_{0,\infty} = \Delta p + \frac{1}{2}\rho\omega^2 r^2 \tag{1-19}$$

再由式（1-18）和式（1-16）可知，桨盘远后方滑流区内外压差为

$$p_\infty - p_1 = \frac{1}{2}\rho(u_1^2 - V_\infty^2) + \frac{1}{2}\rho\omega_1^2 r_1^2 - (p_{0,1} - p_{0,\infty}) \tag{1-20}$$
$$= \frac{1}{2}\rho(u_1^2 - V_\infty^2) + \frac{1}{2}\rho(\omega_1^2 r_1^2 - \omega^2 r^2) - \Delta p$$

换一个角度分析，以螺旋桨为参考系，则气流在桨盘前的相对角速度为 Ω，桨盘后气流的相对角速度降为 $\Omega-\omega$。因此，桨盘处的压力增量为

$$\Delta p = \frac{1}{2}\rho\Omega^2 r^2 - \frac{1}{2}\rho(\Omega-\omega)^2 r^2 = \rho\left(\Omega - \frac{1}{2}\omega\right)\omega r^2 \tag{1-21}$$

经推导[1]，螺旋桨滑流中各相关速度有如下关系：

$$\frac{1}{2}(u_1 - V_\infty)^2 = \left(\frac{\Omega - \frac{1}{2}\omega}{u} - \frac{\Omega - \frac{1}{2}\omega_1}{u_1}\right)u_1\omega_1 r_1^2 \tag{1-22}$$

若不计尾流中因旋转运动而降低的压力，一个理想螺旋桨某一环素上的拉力和扭矩分别为

$$dT = 2\rho u(u - V_\infty)ds$$
$$= 4\pi\rho V_\infty^2(1+a)ardr \tag{1-23}$$

$$dQ = \rho u\omega r^2 ds$$
$$= 4\pi\rho V_\infty\Omega(1+a)a'r^3 dr \tag{1-24}$$

式中，$a' = \frac{1}{2}\frac{\omega}{\Omega}$。

对式（1-5）微分并结合式（1-21）得

$$dT = \Delta pds$$
$$= 2\pi\rho\left(\Omega - \frac{1}{2}\omega\right)\omega r^3 dr \tag{1-25}$$

由于 $a' = \frac{1}{2}\frac{\omega}{\Omega}$，则

$$dT = 4\pi\rho\Omega^2(1-a')a'r^3 dr \tag{1-26}$$

由式（1-23）和式（1-26）得到 a 与 a' 有如下关系式：

$$V_\infty^2\left(1+a\right)a = \Omega^2 r^2\left(1-a'\right)a' \tag{1-27}$$

由式（1-23）可得

$$a = \frac{\mathrm{d}T}{4\pi\rho V_\infty^2(1+a)r\mathrm{d}r} \tag{1-28}$$

由式（1-24）可得

$$a' = \frac{\mathrm{d}Q}{4\pi\rho V_\infty \Omega(1+a)r^3\mathrm{d}r} \tag{1-29}$$

代入式（1-27）得

$$V_\infty\left(1+a\right)\mathrm{d}T = \Omega\left(1-a'\right)\mathrm{d}Q \tag{1-30}$$

$$\Omega\mathrm{d}Q - V_\infty\mathrm{d}T = V_\infty a\mathrm{d}T + \Omega a'\mathrm{d}Q \tag{1-31}$$

式（1-31）等号左端是螺旋桨从发动机获得的能量与螺旋桨有用功的差值，等号右端是螺旋桨对空气做的功，即过程中系统的能量损失。

式（1-30）写成微分方程：

$$(1-a')\Omega\frac{\mathrm{d}Q}{\mathrm{d}r} = (1+a)V_\infty\frac{\mathrm{d}T}{\mathrm{d}r} \tag{1-32}$$

式（1-32）为螺旋桨的能量方程。

若考虑叶素阻力消耗的能量，则能量关系式为

$$(1-a')\Omega\frac{\mathrm{d}Q}{\mathrm{d}r} = (1+a)V_\infty\frac{\mathrm{d}T}{\mathrm{d}r} + \frac{\mathrm{d}E}{\mathrm{d}r} \tag{1-33}$$

式中，$\mathrm{d}E/\mathrm{d}r$ 表示单位时间内的桨叶叶素阻力所消耗的能量。

若设 B 为桨叶数，C 为桨叶在半径 r 处叶素的弦长，W 为该叶素处的相对速度，C_D 为叶素翼型的阻力系数，则该叶素的阻力为

$$D = \frac{1}{2}C_D\rho CW^2\mathrm{d}r \tag{1-34}$$

那么，在单位时间内所有桨叶，在 r 处叶素阻力消耗的能量为

$$\mathrm{d}E = \frac{1}{2}C_D B\rho CW^3\mathrm{d}r \tag{1-35}$$

或

$$\frac{\mathrm{d}E}{\mathrm{d}r} = \frac{1}{2}C_D B\rho CW^3 \tag{1-36}$$

若记桨盘处气流的平均相对旋转速度是 $\bar{\Omega}$，则在半径 r 处有如下关系：

$$W\sin\varphi = V_\infty(1+a) \tag{1-37}$$

$$W\cos\varphi = \bar{\Omega}r(1-a') \tag{1-38}$$

式（1-36）～式（1-38）将螺旋桨环素上的能量损失与叶素翼型的阻力系数和工作条件联系起来。这个关系式在以后计算桨叶损失时会用到。

1.4　螺旋桨的理想效率

由式（1-30）知：

$$\frac{V_\infty \mathrm{d}T}{\Omega \mathrm{d}Q} = \frac{1-a'}{1+a} \tag{1-39}$$

定义叶素的空气动力学效率为

$$\eta = \frac{V_\infty \mathrm{d}T}{\Omega \mathrm{d}Q} \tag{1-40}$$

定义：

$$\eta_1 = \frac{1}{1+a} \tag{1-41}$$

若再定义：

$$\eta_2 = 1-a' \tag{1-42}$$

则有

$$\eta = \eta_1\eta_2 = \frac{V_\infty \mathrm{d}T}{\Omega \mathrm{d}Q} \tag{1-43}$$

叶素的空气动力学效率就确定了。同理，整个螺旋桨的空气动力学效率也就可以确定了，该效率为螺旋桨的理想效率，即最高效率。螺旋桨的理想效率是在理想的假设条件下，螺旋桨能够达到的最高效率，它是螺旋桨所能达到的效率上限，因此不可能设计出超过理想效率的螺旋桨。了解理想效率在螺旋桨的方案设计阶段非常重要。

若忽略旋转诱导速度，定义无因次的推力系数为

$$T_\mathrm{C} = \frac{T}{\frac{1}{2}\rho V_0^2 S} = \frac{T}{qS} \tag{1-44}$$

式中，q 为来流动压；S 为桨盘面积。再由式（1-8）～式（1-10）可得到

$$\frac{T_\mathrm{C}}{4} = \frac{1-\eta}{\eta^2} \tag{1-45}$$

其解为

$$\eta = \frac{2}{T_C}(-1+\sqrt{1+T_C}) \qquad (1\text{-}46)$$

由图 1-4 可见，螺旋桨的理想效率随着推力系数的增加而减小。决定推力系数大小的因素有推力、螺旋桨直径、气流密度和飞行速度。理想效率随推力的增大而减小；理想效率随桨盘面积或螺旋桨直径的增加而增加；理想效率随流体密度的增加而增加；理想效率随飞行速度的增加而增加。有了这些概念，对于选择螺旋桨的总体方案会有比较大的帮助。

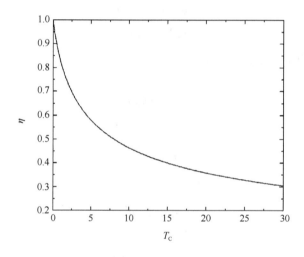

图 1-4　螺旋桨理想效率与推力系数的关系

若定义无因次的功率系数为

$$P_C = \frac{P}{\frac{1}{2}\rho V_0^3 S} \qquad (1\text{-}47)$$

$$\eta = \frac{2}{P_C}(-1+\sqrt{1+P_C}) \qquad (1\text{-}48)$$

则螺旋桨理想效率与功率系数的关系如图 1-5 所示。

利用螺旋桨理想效率与推力系数的关系，或螺旋桨理想效率与功率系数的关系，可以在明确设计推力或发动机可用功率的情况下，估算螺旋桨能够达到的最高效率，为确定螺旋桨几何参数和飞行器基本飞行性能提供依据。

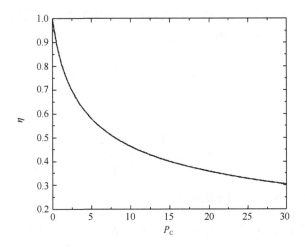

图 1-5　螺旋桨理想效率与功率系数的关系

螺旋桨的作用是将发动机的扭矩转变成轴向推力。从能量角度，飞行速度与推力的乘积是螺旋桨的有效功率。由于螺旋桨的通过，空气获得的轴向速度对应的能量为

$$E = \frac{1}{2}mV_{i2}^2 = \frac{1}{2}Q\rho V_{i2}^2 = \frac{1}{2}\left(V_\infty + \frac{V_{i2}}{2}\right)S\rho V_{i2}^2 \qquad (1\text{-}49)$$

式中，E 为动力系统的损失，这部分对应的能量越小越好；m 为通过桨盘的空气质量流率（kg/s）；Q 为通过桨盘的空气体积流率（m^3/s）；ρ 为空气密度（kg/m^3）；V_{i2} 为远下游处诱导速度（m/s）；V_∞ 为飞行速度（m/s）。

对于给定的推力，由动量方程可知，空气流过桨盘的动量差一定，记为

$$\Delta(mV) = m\Delta V \qquad (1\text{-}50)$$

$$T = m(V_\infty + V_{i2}) - mV_\infty = mV_{i2} \qquad (1\text{-}51)$$

由连续方程可知，流过桨盘的空气质量流率前后一致，需要有增量的就只能是速度增加。因此，动量差由流过桨盘的空气质量流率和滑流中速度的增量构成。通俗地讲，相同的动量差可以由"大流量、小速度差"或"小流量、大速度差"构成。然而，因为速度差的增大，气流获得的能量增大，即动力系统的损失增加了，所以"小流量、大速度差"的方式不可取，应该尽量采用"大流量、小速度差"的方式降低能量损失，提高螺旋桨理想效率。

下面做一个简单的推导，通过公式具体说明采用哪种方式更合理。

桨盘面积为 S_1，远后方滑流面积为 S_2，由连续方程得

$$S_1\left(V_\infty + \frac{1}{2}V_{i2}\right)\rho_1 = S_2\left(V_\infty + V_{i2}\right)\rho_2 \qquad (1\text{-}52)$$

从而，

$$S_2 = S_1\frac{\left(V_\infty + \frac{1}{2}V_{i2}\right)\rho_1}{\left(V_\infty + V_{i2}\right)\rho_2} \qquad (1\text{-}53)$$

空气流过 S_2、S_1 两个截面的动量差为

$$
\begin{aligned}
\Delta\left(mV\right) &= \rho_2 S_2\left(V_\infty + V_{i2}\right)\left(V_\infty + V_{i2}\right) - \rho_1 S_1\left(V_\infty + \frac{1}{2}V_{i2}\right)\left(V_\infty + \frac{1}{2}V_{i2}\right) \\
&= \rho_1 S_1\left(V_\infty + \frac{1}{2}V_{i2}\right)\left(V_\infty + V_{i2} - V_\infty - \frac{1}{2}V_{i2}\right) \\
&= \rho_1 S_1\left(V_\infty + \frac{1}{2}V_{i2}\right)\frac{1}{2}V_{i2} \qquad (1\text{-}54)
\end{aligned}
$$

由此，当动量差一定时，随着桨盘面积 S_1 的增大，气流获得的速度（诱导速度）将减小，使得气流带走的能量 E 将减少。由式（1-49）可知桨盘面积增加引起能量损失的增加是线性的，而诱导速度增加引起能量损失的增加是接近三次方的。因此，在可能的情况下，尽量增加桨盘面积可以提高螺旋桨理想效率。

理想效率是螺旋桨空气动力学设计中效率的理论上限，只能接近不能超越。因此，设计的螺旋桨尽量接近理想效率是螺旋桨设计追求的目标。根据螺旋桨的动量方程和能量方程可以得到特定条件下螺旋桨的理想效率。根据无人机的具体情况，首先确定出螺旋桨的理想效率值，有助于整个动力系统的方案设计以及在方案设计阶段全机性能评估中选择合理的动力系统估计值，从而得出比较符合实际预期的设计方案。本章的内容是螺旋桨研究中最基础的部分，需要全面深入了解的读者可参考文献[2]等经典著作。

第 2 章 翼型与螺旋桨

在空气动力学设计领域,有一个形象的说法,即螺旋桨是旋转的机翼。机翼由若干翼型沿展向分布设计而成,螺旋桨则是由翼型(又称叶素)沿径向分布而成。螺旋桨的设计与机翼设计有许多地方是相通的。同设计好的机翼一样,要设计出性能优异的螺旋桨,必须从了解翼型的性能入手。

2.1 叶素与速度三角形

螺旋桨设计与分析中应用最广泛的一个概念是叶素。如图 2-1 所示,R 是螺旋桨的半径,r 是叶素所在径向半径,dr 是叶素的(展向)宽度,b 是叶素的弦展。假设将螺旋桨叶片沿径向(有时也称为展向)切成若干个小段,这些桨叶小段就称为叶素。通常,由于叶素的展向长度很小,为了便于分析,可假想叶素为一小段沿展向具有相同剖面形状的平直机翼(叶素的弦长可用叶素中段的弦长表示),其剖面形状就是常说的翼型。

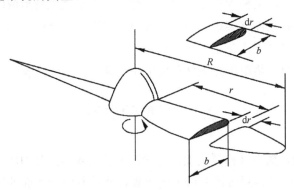

图 2-1 螺旋桨叶素的定义与翼型

站在螺旋桨叶素的角度(将叶素作为参考,观察者与叶素固联,螺旋桨工作时叶素不动,使气流流过叶素),叶素在螺旋桨展向的位置不同,叶素的来流工作条件也不同。当忽略诱导速度时,叶素的简化速度三角形如图 2-2 所示。

图 2-2 中,V_∞ 是桨的来流速度(注:本书中若不特别说明,螺旋桨的旋转轴与飞行方向一致,或称与来流方向一致,因此螺旋桨的来流速度、远前方轴向速度和飞行速度相等);U 是叶素的旋转切向速度,数值上等于 $2\pi n_s r$,其中 n_s 是桨每秒的转速,r 是叶素所在的半径;W 是来流速度和叶素旋转速度的合成速度,

又称叶素的来流速度；θ 是叶素的安装角；$\varPhi$ 是气流角；α 是气流与翼型弦线的夹角，称作迎角。

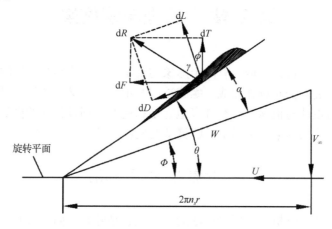

图 2-2　叶素的简化速度三角形

桨距角是指叶素剖面的某个参考线与螺旋桨旋转面所成的角度。从空气动力学角度，参考线选取叶素翼型的弦线具有较好的空气动力学意义，将叶素翼型的弦线与螺旋桨旋转面所成的角度称为空气动力学桨距角。桨距是指螺旋桨旋转一周前进的轴向距离，又称为实际桨距。以空气动力学桨距角形成的桨距称为空气动力学桨距，有时也简称桨距。由于诱导速度的影响，气流轴向速度大于飞行速度，而且翼型又需要工作在正迎角，所以正常工作情况下，空气动力学桨距一般不能小于实际桨距。桨距角的概念和使用在航模领域应用比较多。

2.2　翼型的参数

根据文献[3]，翼型又称翼剖面，是平行于机翼或其他升力面的对称面，或是垂直于其前缘（或某等百分比弦线）的机翼，或是其他升力面的横截面外形。需要说明，翼型是采用二维概念抽象出的理论模型，其本质是展长无限大的等弦长平直机翼的剖面。翼型表面没有展向流动。

2.2.1　翼型的几何参数

翼型的几何参数比较多，如图 2-3 所示，主要如下。

（1）前缘：翼型最前端的点称作前缘。

（2）后缘：翼型最后端的点称作后缘。对于翼型后缘厚度不为零的情况，通常将后缘厚度的中心点定义为后缘。

（3）弦线：连结翼型前缘与后缘的直线称为弦线，其长度称为弦长。

（4）厚度：通常定义翼型的厚度为垂直于弦线，翼型上、下表面间的最大距离，也就是最大厚度。最大厚度与弦长之比称为厚度比或相对厚度，实际工作中，通常简称为厚度。

（5）弯度线：又称中弧线或中线，指使用垂直于弦线方向上、下表面间距离的中点连线。

（6）弯度：翼型的弯度是指垂直于弦线方向，弯度线与弦线的最大距离。弯度与弦长的比值称为弯度比或相对弯度。与厚度类似，工程中通常称相对弯度为弯度。

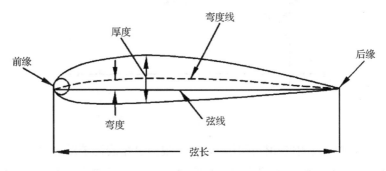

图 2-3　翼型的几何参数

2.2.2　翼型的空气动力学参数

翼型最基本的空气动力学参数是升力系数、阻力系数、升阻比、力矩系数、空气动力中心（气动中心）和压力中心等，也常称为翼型的空气动力学性能。翼型的空气动力学性能可由理论计算、数值模拟或风洞试验得出。

1. 升力系数

翼型升力系数的定义为

$$C_l = \frac{l}{q_\infty c} \tag{2-1}$$

式中，l 为采用该翼型单位展长平直机翼的升力；$q_\infty = \frac{1}{2}\rho V_\infty^2$，为来流速压；$c$ 为翼型弦长。

翼型典型的升力特性如图 2-4 所示。通常，升力系数随迎角增加而增加。从小迎角到大迎角的变化中，升力与迎角的关系为线性关系。当迎角达到某个数值后，升力系数随迎角增加而下降，就称为翼型失速，这主要是翼型上表面流动的大面积分离造成的。此时的迎角称为失速迎角（α_{stall}），对应的升力系数称为翼型最大升力系数 $C_{l,\max}$。过了失速迎角后的性能称为失速区性能。

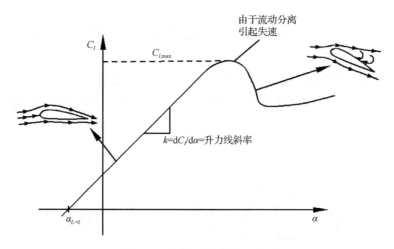

图 2-4　翼型的升力特性示意图

翼型在失速阶段的气动性能比较复杂。根据翼型表面流动分离的特点，典型的失速形式有前缘失速和后缘失速，如图 2-5 所示。前缘失速是前缘分离引起的翼型表面流动大面积分离而导致的，其特点是升力线的线性段比较短，最大升力系数不高。后缘失速是翼型表面流动分离从翼型后缘逐步向前发展而形成的翼型失速，其特点是升力线的线性段相对较长，最大升力系数较大。一般来讲，工程使用中希望翼型的最大升力系数较大，失速比较缓和。

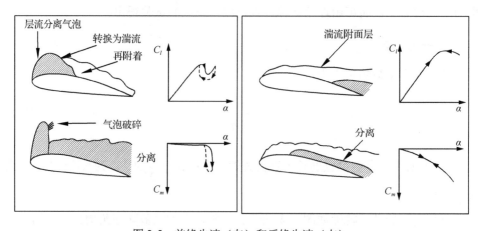

图 2-5　前缘失速（左）和后缘失速（右）

翼型的失速迎角、最大升力系数随着翼型外形、雷诺数、马赫数的不同而不同。翼型最大升力系数随雷诺数 Re 和马赫数 Ma 的变化分别如图 2-6 和图 2-7 所示。图中"NACA 数字"代表的翼型是由美国国家航空咨询委员会（National Advisory Committee for Aeronautics,NACA）提出的典型翼型，数字代表的具体意义参见文献[3]。

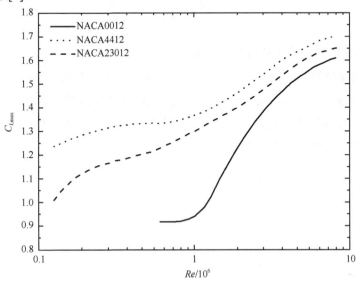

图 2-6　翼型最大升力系数随雷诺数的变化

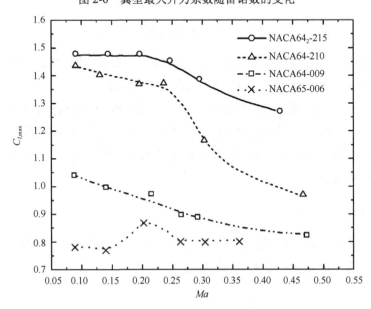

图 2-7　翼型最大升力系数随马赫数的变化

2. 阻力系数

翼型的阻力系数定义为

$$C_d = \frac{d}{q_\infty c} \qquad (2\text{-}2)$$

式中，d 为采用该翼型单位展长平直翼的阻力。

典型的翼型阻力特性示意图如图 2-8 所示。通常，在小迎角范围内阻力系数较小，随着迎角的增加，阻力系数大约以二次曲线的形式增加。当迎角超过某个角度值后，阻力系数迅速增加，此时称为翼型阻力发散。翼型的阻力发散与失速特性、工作马赫数等的关系非常密切。

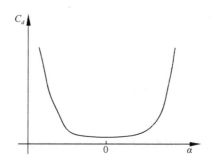

图 2-8　典型的翼型阻力特性示意图

翼型最小阻力系数与翼型外形、工作迎角、雷诺数 Re 和马赫数 Ma 密切相关，典型翼型最小阻力系数随雷诺数的变化如图 2-9 所示。

如图 2-10 所示，某一迎角情况下，当马赫数达到某个数值时，翼型的阻力系数急剧增大，此时称为翼型阻力发散。翼型阻力发散往往与马赫数相关。阻力发散马赫数是指由于翼面出现激波、阻力骤增时的马赫数。工程上一般要求阻力发散马赫数越高越好。

3. 升阻比

翼型的升阻比是指给定状态下升力系数与阻力系数的比值。实际工作中，常用升阻比作为评价翼型性能优劣的指标之一。

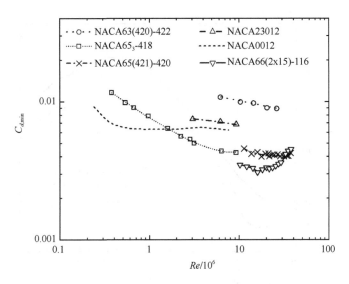

图 2-9　典型翼型最小阻力系数随雷诺数的变化

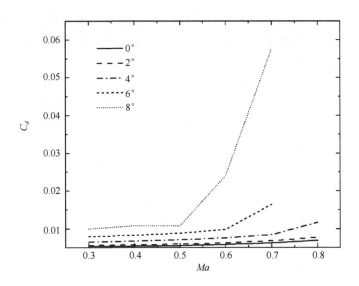

图 2-10　翼型的阻力系数随马赫数的变化（NACA0012）

通常翼型的升阻比在某个迎角（或升力系数）下达到最大值，将升阻比的最大值称作翼型的升阻比。在给定升力系数或阻力系数后，翼型的升阻比越高，表明翼型的性能越好。常见翼型的升阻比特性曲线如图 2-11 所示，其中 Clark-Y 翼型介绍见 2.3.3 小节。

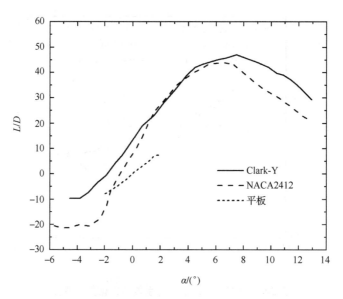

图 2-11　翼型的升阻比特性曲线

　　一般情况下，翼型的升阻比受雷诺数和马赫数的影响比较大。如图 2-12 和图 2-13 所示，雷诺数增加，翼型最大升阻比增加；马赫数增加，翼型最大升阻比先略微增加，然后下降。

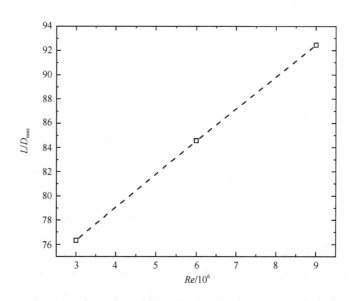

图 2-12　翼型最大升阻比随雷诺数的变化（NACA0012）

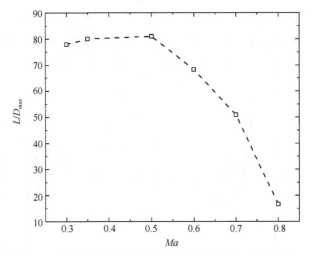

图 2-13　翼型最大升阻比随马赫数的变化（NACA0012）

4. 力矩系数

翼型的力矩系数定义为

$$C_m = \frac{M}{q_\infty c^2} \tag{2-3}$$

式中，M 为采用该翼型单位展长平直机翼上的俯仰力矩。该力矩通常在弦线上取距前缘 1/4 弦长的点作为参考点定义。

翼型相对于 1/4 弦点的力矩系数曲线如图 2-14 所示。在很大的迎角范围内，翼型的力矩系数基本保持不变或在一个较小的区间范围内变化。通常在达到失速迎角后，力矩系数的绝对值会急剧增加。

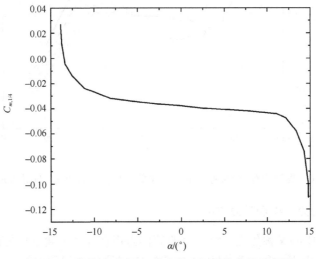

图 2-14　翼型相对于 1/4 弦点的力矩系数曲线示意图

雷诺数和马赫数同样会影响翼型的力矩系数。图 2-15 和图 2-16 分别给出了 NACA0012 翼型相对于 1/4 弦点的力矩系数随雷诺数和马赫数变化的曲线。

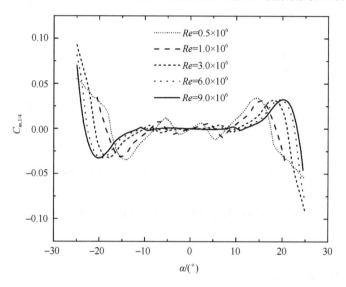

图 2-15　翼型相对于 1/4 弦点的力矩系数随雷诺数的变化（NACA0012）

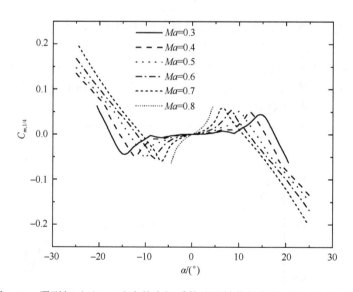

图 2-16　翼型相对于 1/4 弦点的力矩系数随马赫数的变化（NACA0012）

5. 空气动力中心和压力中心

空气动力中心又称焦点，绕该点的俯仰力矩在任何迎角下均保持常数，它是升力增量的作用点，航空薄翼型的焦点通常在翼型弦线距前缘 1/4 弦点处。压力中心是翼型表面压力合力的作用点，又称为压心，在该点上翼型由压力产生的俯仰力矩为零。需注意，焦点和压心是两个不同的概念。

2.3　螺旋桨设计中对翼型的要求

2.3.1　螺旋桨的常用翼型

常见的螺旋桨翼型系列有 NACA 翼型、Clark-Y 翼型、RAF 翼型、ARA-D 翼型等。

1）NACA 翼型

NACA 翼型是 20 世纪 30 年代末 40 年代初由美国国家航空航天局（National Aeronautics and Space Administration，NASA）的前身 NACA 提出的。NACA 翼型分很多系列，不同系列的翼型有不同的厚度分布和弯度分布，前缘半径、后缘角等也有所不同。NACA1 系列翼型是早期设计的层流翼型，其最大厚度在 50% 弦线位置，前缘半径较小，后缘角较大，适用于螺旋桨。层流翼型的特点是翼面上的最低压力点尽量后移，层流附面层长，翼型的摩擦阻力小。NACA16-015 后两位数字表示最大相对厚度为 15%，NACA16-015 翼型和特性曲线如图 2-17～图 2-19 所示。

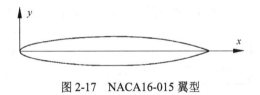

图 2-17　NACA16-015 翼型

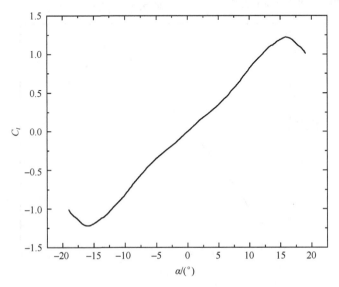

图 2-18　NACA16-015 翼型升力特性曲线（$Re=1.0\times10^6$）

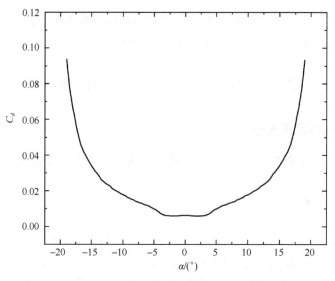

图 2-19　NACA16-015 翼型阻力特性曲线（Re=1.0×10^6）

2）Clark-Y 翼型

Clark-Y 翼型是美国人 Clark 于 1922 年研究出的一种优秀翼型,至今仍被广泛应用。标准 Clark-Y 翼型的最大相对厚度是 11.7%。按照比例，通过线性插值可以得到不同厚度的 Clark-Y 翼型。标准 Clark-Y 翼型及其特性曲线如图 2-20～图 2-22 所示。

图 2-20　标准 Clark-Y 翼型

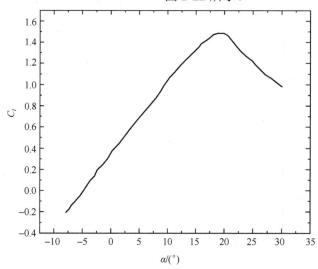

图 2-21　标准 Clark-Y 翼型升力特性曲线（Re=3.17×10^6）

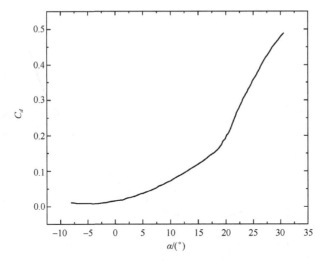

图 2-22　标准 Clark-Y 翼型阻力特性曲线（$Re=3.17\times10^6$）

本书附录 1 中列出了在标准 Clark-Y 翼型基础上发展的适用于螺旋桨直接使用的 SCLKY 系列翼型。所列性能数据经风洞试验和数值计算综合确认，可供读者在螺旋桨设计中参考使用。

3）RAF 翼型

RAF 翼型是英国皇家飞机制造厂（Royal Aircraft Factory，RAF）研制的翼型，其中 RAF-6 系列翼型应用比较广泛。RAF-6 翼型的最大特点是下翼面基本为直线，具有良好的加工特性和空气动力学性能。RAF-6 翼型及其特性曲线如图 2-23～图 2-25 所示。

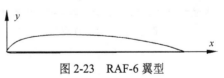

图 2-23　RAF-6 翼型

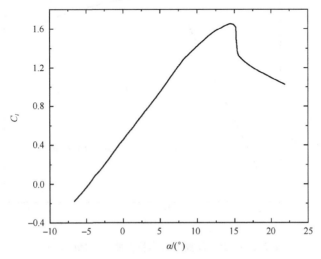

图 2-24　RAF-6 翼型升力特性曲线（$Re=5.07\times10^6$）

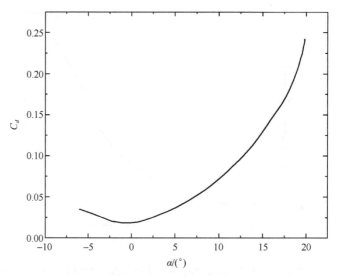

图 2-25　RAF-6 翼型阻力特性曲线（$Re=5.07\times10^{6}$）

4）ARA-D 翼型

ARA-D 翼型是 20 世纪 70 年代后期英国研究人员利用跨声速翼型理论和计算机技术发展起来的一种超临界翼型，其特点是最大厚度靠前，前缘半径大，后缘较厚。ARA-D 翼型及其特性曲线如图 2-26～图 2-28 所示。

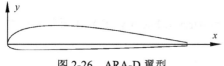

图 2-26　ARA-D 翼型

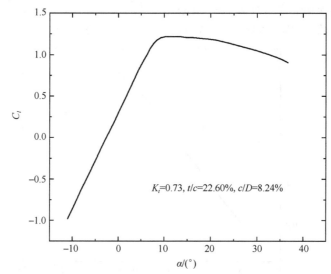

$K_i=0.73$, $t/c=22.60\%$, $c/D=8.24\%$

图 2-27　ARA-D 翼型升力特性曲线（$Ma=0.3$）

K_t 是翼型的弯度修正因子；t 是翼型厚度；c 是翼型弦长；D 是螺旋桨直径

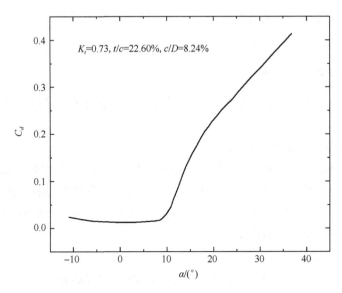

图 2-28　ARA-D 翼型阻力特性曲线（*Ma*=0.3）

ARA-D 翼型是一族翼型，这里仅列举了一个外形及性能作为参考

2.3.2　对翼型的一般要求

螺旋桨的设计要求主要是在直径、转速和结构的约束条件下满足推力和功率指标，同时需要具备尽可能高的空气动力学效率和低的噪声与振动特性。螺旋桨的空气动力学特性非常依赖翼型的性能。简单讲，主要有以下几个方面。

1）飞行速度与阻力发散马赫数

翼型的阻力发散马赫数限制着螺旋桨飞机飞行的最大速度。螺旋桨叶素的来流速度为飞机飞行速度、桨叶叶素的旋转速度和诱导速度的合成速度。当叶素的来流速度超过翼型的阻力发散马赫数后，叶素的阻力急剧上升，使得螺旋桨需用功率急剧上升，气动效率急剧下降，常常导致整个推进系统的性能下降而无法满足飞行的要求。因此，对于追求高飞行速度的无人机，其螺旋桨需选择阻力发散马赫数较高的翼型。

2）巡航效率与升阻比

在无人机的巡航飞行阶段，通常要求螺旋桨具有高的气动效率。叶素翼型的升阻比与螺旋桨的气动效率直接相关。翼型的高升阻比对应螺旋桨的高气动效率。但是，翼型的高升阻比要在合适的设计升力系数下才有意义。

3）工作范围与失速迎角

翼型工作的最大迎角范围（失速迎角范围）决定着螺旋桨的工作范围。特别是对定距桨螺旋桨，更是关键参数。一般来讲，大的失速迎角可得到较大的地面静推力和较短的滑跑起飞距离。

2.3.3　对翼型的特殊要求

从结构和工艺角度，螺旋桨设计选用翼型时还需要考虑翼型在螺旋桨的展向位置。

1）螺旋桨根部翼型的要求

螺旋桨根部（叶素展向位置 $\bar{r} = 0.30 \sim 0.45$，$\bar{r}$ 为当地半径与螺旋桨半径的比值，下同）的翼型，通常希望具有较大的厚度以满足桨叶结构强度和刚度的要求。旋转半径和旋转速度小，导致气流的合成速度小。因此，要求翼型的升力系数比较高，对应的阻力系数尽量小。

2）螺旋桨中部翼型的要求

螺旋桨中部（$\bar{r} = 0.45 \sim 0.90$）是决定螺旋桨空气动力学性能的关键部分，要求翼型在给定升力系数下具有高的升阻比。这里强调，翼型的升力系数要合适，太大或太小都会产生问题，后续章节会详细讨论。

3）螺旋桨尖部翼型的要求

在螺旋桨尖部（$\bar{r} = 0.90 \sim 1.00$），由于旋转半径大，旋转线速度高，气流合成速度大，翼型的升力系数则不需太大。主要选取阻力发散马赫数较高的薄翼型以避免大的力矩需求，有利于提高螺旋桨的空气动力学效率。

可以看出，螺旋桨桨叶不同位置需要的翼型不同。实际工程中，从叶根到叶尖至少选用 3～5 个翼型，这些翼型形成桨叶的翼型系列。对翼型系列的要求除了满足桨叶当地的气动和结构要求外，还需各翼型之间有良好的气动相容性和结构相容性。这部分内容比较复杂，本书不详细介绍。为了简单起见，常常选用同属一个翼型族的系列翼型。

2.3.4　翼型性能对螺旋桨性能的影响

本节以某型太阳能无人机螺旋桨设计研究中的一个实例说明翼型性能对螺旋桨性能的影响，从另一个侧面说明螺旋桨设计中翼型选择的重要性。

为了让读者印象深刻，这里选择了一个较为极端的例子。翼型的工作雷诺数比较小，设计要求又较高。如果没有选择适当的翼型和工作点，设计指标是无法达到的。这里，翼型的性能起决定性作用，在设计中的作用表现得比较明显。

设计点为海拔 20000m，飞行速度 30m/s，发动机转速 650r/min，功率限制 1100W，推力要求大于 30N。

初步方案中选择标准 Clark-Y 翼型，其性能试验数据见表 2-1。可以看到，该翼型迎角为 6° 时，若工作在雷诺数 100000 附近，升力系数为 0.82，升阻比为 39.4。但在雷诺数为 60000 左右时，同样迎角为 6° 时，升力系数为 0.67，升阻比降到 17.1。

表 2-1　Clark-Y 翼型性能试验数据

Re	6.0×10^4			1.0×10^5			2.0×10^5		
迎角/ (°)	C_l	C_d	L/D	C_l	C_d	L/D	C_l	C_d	L/D
-4.0	-0.31	0.0352	—	-0.30	0.0284	—	-0.14	0.014	—
-3.0	-0.22	0.0298	—	-0.17	0.0233	—	-0.01	0.0128	—
-2.0	-0.13	0.0278	—	-0.14	0.0210	—	0.11	0.0127	8.7
-1.0	-0.03	0.0279	—	0.08	0.0208	3.8	0.23	0.0120	19.2
0.0	0.06	0.0291	2.1	0.19	0.0211	9.0	0.33	0.0113	29.2
1.0	0.17	0.0304	5.6	0.31	0.0210	14.8	0.42	0.0108	38.9
2.0	0.27	0.0318	8.5	0.42	0.0207	20.3	0.50	0.0105	47.6
3.0	0.37	0.0334	11.1	0.53	0.0205	25.9	0.58	0.0104	55.8
4.0	0.47	0.0353	13.3	0.64	0.0205	31.2	0.67	0.0104	64.4
5.0	0.57	0.0372	15.3	0.73	0.0205	35.6	0.75	0.0107	70.1
6.0	0.67	0.0391	17.1	0.82	0.0208	39.4	0.83	0.0111	74.8
7.0	0.77	0.0408	18.9	0.91	0.0214	42.5	0.91	0.0119	76.5
8.0	0.86	0.0420	20.5	0.99	0.0226	43.8	0.99	0.0131	75.6
9.0	0.95	0.0424	22.4	1.06	0.0245	43.3	1.07	0.0148	72.3
10.0	1.03	0.0423	24.3	1.12	0.0270	41.5	1.13	0.0171	66.1
11.0	1.11	0.0420	26.4	1.16	0.0302	38.4	1.18	0.0199	59.3
12.0	1.17	0.0411	28.5	1.19	0.0344	34.6	1.22	0.0244	50.0
13.0	1.20	0.0429	28.0	1.22	0.0406	30.0	1.24	0.0366	33.9
14.0	1.21	0.0575	21.0	1.23	0.0496	24.8	1.25	0.0760	16.4

注：二维风洞试验结果，模型为光滑表面，自然转捩条件。

方案 1～方案 3 的外形参数和剖面参数见表 2-2～表 2-4。

若以 75% 相对半径处的数据为例，可以看到，方案 1 原本的翼型设计升力系数选择在 0.82，升阻比为 39.4，螺旋桨的效率为 0.82。但是，实际评估下来，剖面实际雷诺数只有 0.64×10^5，因此实际的螺旋桨效率一定达不到 0.82。

表 2-2　方案 1 的外形参数和剖面参数

相对半径	0.30	0.45	0.60	0.70	0.75	0.80	0.85	0.90	0.95
翼型设计升力系数和 对应的剖面雷诺数	0.82	0.82	0.82	0.82	0.82	0.82	0.82	0.82	0.82
	$1.0×10^5$	$1.0×10^5$	$1.0×10^5$	$1.0×10^5$	$1.0×10^5$	$1.0×10^5$	$1.0×10^5$	$1.0×10^5$	$1.0×10^5$
迎角/(°)	6	6	6	6	6	6	6	6	6
升阻比	39.4	39.4	39.4	39.4	39.4	39.4	39.4	39.4	39.4
剖面弦长/m	0.298	0.304	0.268	0.229	0.207	0.183	0.157	0.126	0.089
剖面安装角/(°)	59.6	48.1	40.2	36.2	34.5	33.0	31.6	30.3	29.2
剖面实际 雷诺数（$×10^5$）	0.52	0.65	0.70	0.67	0.64	0.60	0.54	0.45	0.34

在方案 2 中调整翼型设计升力系数，取翼型设计升力系数为 0.53（对应剖面升阻比为 25.8），则对应的剖面雷诺数为 $1.0×10^5$，预计螺旋桨效率为 0.794。因为剖面雷诺数的设计选用值与评估结果相当，所以理论上该方案螺旋桨的效率是可以达到的。但是，由于桨叶的弦长过大，结构、质量等因素的限制，该方案不适合。

表 2-3　方案 2 的外形参数和剖面参数

相对半径	0.30	0.45	0.60	0.70	0.75	0.80	0.85	0.90	0.95
翼型设计升力系数和 对应的剖面雷诺数	0.53	0.53	0.53	0.53	0.53	0.53	0.53	0.53	0.53
	$1.0×10^5$	$1.0×10^5$	$1.0×10^5$	$1.0×10^5$	$1.0×10^5$	$1.0×10^5$	$1.0×10^5$	$1.0×10^5$	$1.0×10^5$
迎角/(°)	3	3	3	3	3	3	3	3	3
升阻比	25.8	25.8	25.8	25.8	25.8	25.8	25.8	25.8	25.8
剖面弦长/m	0.461	0.471	0.415	0.355	0.321	0.283	0.243	0.194	0.138
剖面安装角/(°)	56.6	45.1	37.2	33.2	31.5	30.0	28.6	27.3	26.2
剖面实际 雷诺数（$×10^5$）	0.80	1.0	1.1	1.0	1.0	0.93	0.84	0.71	0.53

在方案 3 中，调整翼型设计升力系数为 0.86，对应剖面雷诺数为 $0.6×10^5$。核算下来，实际的剖面雷诺数为 $0.6×10^5$ 左右，预估的螺旋桨效率为 0.776，理论上这个效率是可以达到的，且该方案外形尺寸比较适宜。因此，可以在该方案的基础上进一步开展后续的设计和计算研究。

表 2-4　方案 3 的外形参数和剖面参数

相对半径	0.30	0.45	0.60	0.70	0.75	0.80	0.85	0.90	0.95
翼型设计升力系数和	0.86	0.86	0.86	0.86	0.86	0.86	0.86	0.86	0.86
对应的剖面雷诺数	0.6×10^5	0.6×10^5	0.6×10^5	0.6×10^5	0.6×10^5	0.6×10^5	0.6×10^5	0.6×10^5	0.6×10^5
迎角/ (°)	8	8	8	8	8	8	8	8	8
升阻比	20.5	20.5	20.5	20.5	20.5	20.5	20.5	20.5	20.5
剖面弦长/m	0.285	0.291	0.256	0.219	0.198	0.174	0.150	0.120	0.085
剖面安装角/ (°)	61.6	50.1	42.2	38.2	36.5	34.9	33.6	32.3	31.2
剖面实际雷诺数（$\times 10^5$）	0.50	0.62	0.67	0.65	0.62	0.58	0.52	0.44	0.33

由上述三个方案研究的过程可以看出，翼型的雷诺数效应对于螺旋桨的性能有着重要的影响。在设计螺旋桨的方案时，需要综合考虑翼型的雷诺数效应、马赫数效应及结构、质量的可实现性。

2.4　螺旋桨相似准则

螺旋桨的性能参数主要包括：使用条件（飞行速度、高度、转速）、几何参数（直径、桨叶数、安装环境）、性能（主要指空气动力学性能，如推力和功率）等。在不同飞行高度或尺度缩比的风洞试验中，需要依靠螺旋桨相似准则描述螺旋桨性能。

螺旋桨相似准则是指能够描述螺旋桨性能的一组无因次参数，主要包括前进比、推力系数和功率系数。这些系数可以描述几何相似和工作条件相似的螺旋桨之间的数据关系。

理论上，螺旋桨相似准则可以通过连续方程、动量方程和能量方程的相似变换推导得出，但得出的相似准则过于一般化，对于螺旋桨使用的指导意义不大。下面针对螺旋桨性能数据的使用习惯，介绍常用的螺旋桨相似准则。

2.4.1　螺旋桨相似准则的推导

首先推导与推力和功率相关的相似准则。按照空气动力学相似准则的量纲分析方法[4]，已知影响螺旋桨推力 T 和功率 P_w 的主要因素如下。

（1）螺旋桨直径（D）；

（2）螺旋桨每秒转速（n_s）；

（3）飞行速度（V_∞）；

（4）飞行高度上空气的密度（ρ）、黏性系数（μ）、音速（a）等。

写成函数关系式的形式为

$$T = f_1(D, n_s, V_\infty, \rho, \mu, a) \tag{2-4}$$

$$P_w = f_2(D, n_s, V_\infty, \rho, \mu, a) \tag{2-5}$$

选取 D、n_s 和 ρ 为基本物理量，则相关的无因次相似准则有

$$\Pi_T = f_1(\Pi_V, \Pi_\mu, \Pi_a) \tag{2-6}$$

$$\Pi_{P_w} = f_2(\Pi_V, \Pi_\mu, \Pi_a) \tag{2-7}$$

按量纲分析的方法可得

$$\Pi_T = \frac{T}{\rho n_s^2 D^4} \tag{2-8}$$

$$\Pi_{P_w} = \frac{P}{\rho n_s^3 D^5} \tag{2-9}$$

$$\Pi_V = \frac{V_\infty}{n_s D} \tag{2-10}$$

$$\Pi_\mu = \frac{\mu}{\rho n_s D^2} \tag{2-11}$$

$$\Pi_a = \frac{a}{n_s D} \tag{2-12}$$

根据上述 5 个无量纲量的物理意义，整理为

推力系数 $\qquad C_T = \dfrac{T}{\rho n_s^2 D^4}$

功率系数 $\qquad C_{P_w} = \dfrac{P_w}{\rho n_s^3 D^5}$

前进比 $\qquad \lambda = \dfrac{V_\infty}{n_s D}$

雷诺数 $\qquad Re = \dfrac{\rho n_s D^2}{\mu}$

马赫数 $\qquad Ma = \dfrac{n_s D}{a}$

由此得到描述螺旋桨空气动力学性能的相似准则。式（2-6）和式（2-7）的

物理意义是推力系数和功率系数由桨叶前进比、雷诺数和马赫数决定。在不引起误解的情况下，C_{P_w} 常简写为 C_P。

2.4.2　螺旋桨相似准则的物理意义

假设螺旋桨推力系数和功率系数为因变量，前进比、各叶素翼型的雷诺数和马赫数为自变量，则螺旋桨的性能由前进比、雷诺数和马赫数确定。

常见的函数形式为

$$C_T = f_1(\lambda, Re_t, Ma_t) \qquad (2\text{-}13)$$

$$C_P = f_2(\lambda, Re_t, Ma_t) \qquad (2\text{-}14)$$

$$\eta = f_3(\lambda, Re_t, Ma_t) \qquad (2\text{-}15)$$

$$\eta = \lambda \frac{C_T}{C_P} \qquad (2\text{-}16)$$

由图 2-29 可知，当前进比 $\lambda_1 = \lambda_2$ 时，即

$$\frac{V_{\infty 1}}{n_{s1} D_1} = \frac{V_{\infty 2}}{n_{s2} D_2} \qquad (2\text{-}17)$$

$$\frac{V_{\infty 1}}{2\pi n_{s1} r_1} = \frac{V_{\infty 2}}{2\pi n_{s2} r_2} \qquad (2\text{-}18)$$

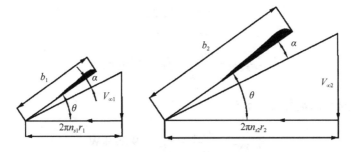

图 2-29　螺旋桨相似准则示意图

图 2-29 表明，两个对应剖面的气流角相同。简单讲，若叶素的性能在一定范围内不随雷诺数和马赫数变化，则前进比就确定了叶素的迎角、升力系数和阻力系数，对于给定几何形状的螺旋桨，螺旋桨的推力系数、功率系数和空气动力学效率就确定了。

2.4.3　螺旋桨相似准则的应用

由上述可知，若忽略雷诺数和马赫数的影响，则几何相似的螺旋桨在相同前

进比下具有相同的推力系数和功率系数。这为不同飞行高度的性能换算和缩比试验带来了方便。

例 2.1 已知在海拔为 0m 时,飞行速度为 50m/s,某螺旋桨转速为 6000 r/min,推力为 200N,需用功率为 15kW。在海拔 3000m 情况下,飞行速度和转速都相同,计算该螺旋桨的推力和需用功率。

解: 已知两种条件下前进比相等,即

$$\lambda_{H=0} = \lambda_{H=3000}$$

若忽略雷诺数和马赫数的影响,则两个高度下螺旋桨的工作性能相似,即

$$C_{T,H=0} = C_{T,H=3000}$$

$$C_{P,H=0} = C_{P,H=3000}$$

海拔为 0m 时,大气密度为 1.225kg/m³;海拔为 3000m 时,大气密度为 0.9091kg/m³。因此可知:

$$\left.\frac{T}{\rho n_s^2 D^4}\right|_{H=0} = \left.\frac{T}{\rho n_s^2 D^4}\right|_{H=3000}$$

由转速和直径相等,得

$$\frac{T_{H=0}}{\rho_{H=0}} = \frac{T_{H=3000}}{\rho_{H=3000}}$$

$$T_{H=3000} = \frac{\rho_{H=3000}}{\rho_{H=0}} T_{H=0} = 148.4\text{N}$$

同理,功率的换算公式类似:

$$P_{H=3000} = \frac{\rho_{H=3000}}{\rho_{H=0}} P_{H=0} = 9.893\text{kW}$$

经过计算后可知,该螺旋桨在海拔 3000m 时使用的推力为 148.4N,需用功率为 9.893kW。

对于给定的螺旋桨,应用螺旋桨相似准则,可以换算不同飞行高度和不同飞行速度、转速条件下螺旋桨的性能。

例 2.2 要用风洞试验的办法确定某型直径为 4m 的螺旋桨空气动力学性能,由于各种条件限制,风洞中只能进行直径为 1m 的缩比模型试验。请确定风洞试验的风速和螺旋桨转速。

解：由前文可知，缩比螺旋桨的模型试验必须按螺旋桨相似准则的要求，确定风洞试验的风速、螺旋桨转速。也就是说，要在风洞中尽可能地模拟螺旋桨在真实飞行条件下的性能，就必须模拟前进比、各剖面雷诺数和马赫数，即

$$\lambda_T = \lambda_F$$

$$Re_{0.7,T} = Re_{0.7,F}$$

$$Ma_{t,T} = Ma_{t,F}$$

式中，下标 T 表示风洞试验；下标 F 表示真实飞行条件；$Re_{0.7}$ 表示以螺旋桨桨叶 70%展长处剖面弦长为参考尺度，以桨尖合成气流速度为参考速度计算的雷诺数；Ma_t 表示以桨尖合成气流速度计算的马赫数。令 D_T 表示风洞试验中桨的直径，D_F 表示真实桨的直径，则

$$\frac{V_{\infty,T}}{n_{s,T}D_T} = \frac{V_{\infty,F}}{n_{s,F}D_F}$$

$$\frac{\rho W_{0.7,T} b_{0.7,T}}{\mu} = \frac{\rho W_{0.7,F} b_{0.7,F}}{\mu}$$

$$\frac{W_{t,T}}{a_T} = \frac{W_{t,F}}{a_F}$$

$$W_{0.7,T} = \sqrt{V_{\infty,T}^2 + (r_{0.7,T}\Omega_T)^2} \quad (\text{此处略去了诱导速度的影响，下同})$$

$$W_{0.7,F} = \sqrt{V_{\infty,F}^2 + (r_{0.7,F}\Omega_F)^2}$$

$$W_{t,T} = \sqrt{V_{\infty,T}^2 + (r_{t,T}\Omega_T)^2}$$

$$W_{t,F} = \sqrt{V_{\infty,F}^2 + (r_{t,F}\Omega_F)^2}$$

式中，$b_{0.7}$ 表示螺旋桨桨叶半径为 70%处的剖面弦长；W_t 表示螺旋桨桨尖处的气流合成速度；$W_{0.7}$ 表示螺旋桨桨叶 70%半径处的气流合成速度。

可以看出，当假定密度、黏性系数和声速相等时，只有确保来流速度 V_∞、前进比 λ 同时与真实的飞行速度、前进比相等，才能保证桨尖马赫数相等。此时，两桨各对应剖面马赫数也分别相等。

通常，在缩比风洞试验中很难做到雷诺数相等。因为，当合成速度 W 相等时，缩比 $1/n$ 使得各剖面弦长缩小，对应雷诺数是真实飞行雷诺数的 $1/n$。研究表明，在 $Re_{0.7}$ 大于 5×10^5 时，雷诺数的影响可以"适当忽略"。$Re_{0.7}$ 表示以相对半径为 0.7 的位置上剖面参数计算的雷诺数。

　　因此，在本例中为了保证风洞试验与真实飞行相似，风洞吹风速度需与飞行速度一致，螺旋桨的转速应是飞行状态的 4 倍。

　　根据螺旋桨的性能要求，选择合适的翼型是螺旋桨设计成功的关键因素之一，因此必须重视螺旋桨翼型的发展和选用。螺旋桨相似准则可为飞行性能换算和风洞试验方案确定等方面提供理论依据。从翼型的空气动力学观点出发，可以更好地理解和应用螺旋桨相似准则。

第 3 章　无人机螺旋桨初步设计方法与实例

螺旋桨设计是一项非常复杂的工作，涉及设计点的选取、各工况空气动力学性能的评价、噪声性能以及桨叶使用的安全性、外形的工艺性等众多方面的工作。本章拟介绍一种相对简单的设计方法，为螺旋桨设计初学者提供操作思路和算例验证。

本书重点讨论的是中小型无人机螺旋桨的设计。按照文献[5]的内容，按大小和起飞质量分类，无人机可分为大型、中型、小型和微型无人机。大致上，起飞质量在 200～500kg 的无人机属于中型无人机；起飞质量小于 200kg，最大尺寸在 3～5m，活动半径在 150～350km 的属于小型无人机。中小型无人机选用螺旋桨的基本特点大致如下：

1）螺旋桨直径范围

中小型无人机螺旋桨的直径在 0.2～2.0m。

2）剖面翼型的雷诺数范围

由于中小型无人机螺旋桨剖面翼型的弦长为 10～300mm，结合飞行高度和飞行速度对应的以剖面翼型弦长为参考长度的雷诺数范围是几万至几百万。

3）剖面翼型的马赫数范围

中小型无人机螺旋桨每分钟转速为几百转至近万转。由于压缩性影响的限制，转速不会再高。一般的设计中，通常限制其桨尖叶素的马赫数不超过 0.75。若桨尖叶素的马赫数超过 0.75，则设计中需要特别注意压缩性的问题。

本书中如果不特别说明，涉及的方法和经验仅适用于中小型无人机螺旋桨。

3.1　螺旋桨设计条件的确定

螺旋桨的设计条件大致可分为飞行（器）条件、发动机系统条件和螺旋桨本体条件等。只有协调好这些条件，才能设计出满足飞行器使用的螺旋桨。

3.1.1　飞行（器）条件

无人机对于螺旋桨性能要求和使用条件的约束主要如下。

1）飞行速度和飞行高度

无人机的飞行速度和飞行高度是螺旋桨的来流条件，确定了无人机的阻力特性，因而也确定了对螺旋桨推力的要求。另外，在不同的飞行高度下，发动机的工作特性和无人机机载设备的电力需求通常有所不同，给予螺旋桨的可用功率也不同。这样，对于螺旋桨可用功率的条件也就确定了。因此，必须首先给出无人机的飞行速度和飞行高度。

2）推力需求和功率约束

根据无人机的飞行速度与飞行高度、发动机的可用功率（以及发电机消耗功率），可以确定螺旋桨的推力需求和功率约束。在这个方面应根据螺旋桨的理想效率和实际工程经验核算这些要求是否协调，绝不能要求设计出大于理想效率的螺旋桨。

3）安装的"几何环境"条件

螺旋桨的气动性能受工作环境的影响非常大，特别是距离螺旋桨很近的"几何环境"。这里主要指螺旋桨的安装位置在机身前部还是机身后部，即是推桨还是拉桨；机身直径和发动机整流罩的外形尺寸和距螺旋桨的距离；螺旋桨是否具有桨帽等。

3.1.2　发动机系统条件

发动机系统条件主要指发动机在不同工作条件下的做功能力和经济性。从使用角度，发动机系统条件主要参数为有效功率和单位燃油消耗率。有效功率表示发动机的做功能力，单位燃油消耗率表示发动机的经济性。这两个参数随着发动机转速、进气压力、飞行高度和油气比的变化而变化，其变化规律统称为发动机特性。下面简单介绍几个常用的概念[5]。

（1）功率，发动机单位时间内的做功量称为功率。英美惯用的功率单位是马力（HP），国际通用的功率单位是千瓦（kW），1HP=0.746kW。

（2）有效功率，发动机输送给螺旋桨的功率称为有效功率，用 N_e 表示。本书如无特别说明，发动机功率指有效功率。

（3）单位油耗，即单位时间燃料消耗量。航空活塞发动机的单位油耗定义为发动机产生 1HP 的有效功率，在 1h 内所消耗的燃油质量，用 SFC 表示，单位为 kg/（HP·h），即

$$SFC = m_{时燃}/N_e \tag{3-1}$$

式中，m 时燃为发动机 1h 燃油消耗量；N_e 为发动机有效功率。

影响发动机单位消耗 SFC 的主要因素有混合气的余气系数和机械损失。这里不讨论如何提高发动机的经济性。从使用角度，对于给定的发动机，其单位油耗与发动机转速密切相关，螺旋桨设计人员需要将螺旋桨的主要工作点放在发动机的最经济转速上。

3.1.3　螺旋桨本体条件

螺旋桨的本体条件主要分为几何条件、性能条件和结构条件三大类。

1）几何条件

螺旋桨的几何条件包括：直径、桨叶数、轮毂尺寸和与动力装置连接的方式等。

螺旋桨的直径是螺旋桨设计中最重要的参数，其大小影响着螺旋桨的理想效率和噪声特性。通常，根据动量定理，螺旋桨直径越大，其空气动力学效率越高。

螺旋桨的桨叶数也是设计中需要经常斟酌的。桨叶数多少需要综合考虑桨叶的展弦比及各剖面的雷诺数和马赫数对螺旋桨空气动力学效率的影响。

相对来讲，螺旋桨的轮毂尺寸和与动力装置的连接方式对螺旋桨的空气动力学效率影响较小，主要根据无人机总体专业的要求确定。

2）性能条件

螺旋桨的性能条件主要有转速、功率、推力、噪声等。

在发动机的工作特性中，转速和功率特性密切相关。螺旋桨的设计点一定要在发动机合适的工作范围内才能发挥发动机的性能，这在螺旋桨设计时必须事先给出。

螺旋桨的作用是把动力装置的扭矩转换成推力。螺旋桨产生的推力需要满足无人机飞行过程中克服的阻力和提供飞机操纵性能的动力需求。

螺旋桨的噪声越小越好。过大的螺旋桨噪声对于无人机机体的结构安全、机载设备工作的可靠性以及工作人员的劳动保护都会产生不利的影响。

3）结构条件

螺旋桨的结构条件指螺旋桨的材质条件和内部结构条件。

螺旋桨的材质条件指螺旋桨的材质选取。通常可以选择木质材料、金属材料和无机复合材料制作螺旋桨。

木质材料是传统螺旋桨的选择。通常采用的木质材料有红木、橡木、山毛榉、松木等。近年来，"航空层板"等压制类材料的使用越来越广泛。

金属材料主要选择质量轻、强度高的材料，通常选择铝合金。铝通过添加元素和热处理制成铝合金，具有密度小、比强度高的特点。铝合金易加工，可铸造塑型加工、机械加工成各种形状，表面可形成致密的 Al_2O_3 保护膜而耐腐蚀。

　　无机复合材料是当代螺旋桨行业最喜欢选用的材料之一。由性质不同的材料组合得到的材料称为复合材料。利用材料的复合可得到单一材料所不具有的特性。目前，螺旋桨最常采用的复合材料是树脂醛复合材料，其增强材料主要是玻璃纤维和碳纤维。

　　内部结构条件主要指桨叶内部材料是否与表面材料一致，结构是空心结构还是"夹心"结构等。材料和内部结构条件对螺旋桨的气动外形设计有着重要的影响。例如，采用碳纤维复合材料的桨的相对厚度比采用木质材料的桨的相对厚度薄一些，这对于提高桨的气动效率有较大帮助。因此，在开始设计螺旋桨前，应明确螺旋桨可能采用的材料和内部结构条件。

　　4）其他条件

　　螺旋桨的其他条件还有质量、安全性要求、寿命等。

　　作为无人机的部件之一，螺旋桨的质量越轻越好。然而，螺旋桨的质量需要综合考虑，考虑强度和刚度及寿命要求。

　　螺旋桨的安全性要求指使用过程中不能断裂及在螺旋桨桨尖附近有明显的警示标志等要求。

　　螺旋桨的寿命指在给定的期限内螺旋桨应能保持气动性能与安全性。

　　由于本书的重点是介绍螺旋桨的空气动力学设计，所以下文将对螺旋桨的几何条件和性能条件进行详细介绍，内部结构条件和其他条件则适当省略。

3.2　应用 Betz 条件初步设计螺旋桨的方法

3.2.1　螺旋桨设计中的 Betz 条件

　　设在半径 r 处，叶素运动的轴向速度为 V_∞，周向速度为 $2\pi n_s r$。根据茹科夫斯基定理，若忽略叶素阻力和诱导速度，用 Γ 表示绕过叶素的环量，叶素受到的合力（升力）在来流方向和旋转方向上的推力和扭矩分量分别为

$$dT = \rho \Gamma 2\pi n_s r dr \qquad (3\text{-}2)$$

$$dQ = \rho \Gamma V_\infty r dr \qquad (3\text{-}3)$$

　　实际中存在诱导速度，如图 3-1 所示，使绕过叶素的相对速度改变了方向，如同机翼绕流一样，会产生一个诱导阻力，造成能量耗损。下面给出 Betz 提出的最小能量损失条件。

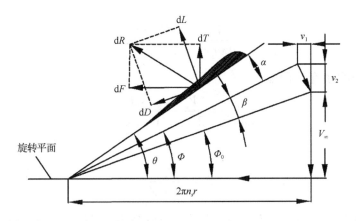

图 3-1　有诱导速度的叶素速度三角形

　　在螺旋桨设计中，可通过改变叶素弦长或叶素安装角，从而改变叶素的环量及相应的诱导速度。如果在半径 r 处，叶素的环量增加微量 $\Delta\Gamma$。微量 $\Delta\Gamma$ 可使该叶素本身所受的力发生改变，也可使桨叶上其他叶素的力改变，最终使全桨的拉力增加 ΔT，全桨的扭矩增加 ΔQ。因此，有用的功增加了 $V_\infty \Delta T$，桨所吸收的能量增加了 $2\pi n_s \Delta Q$。为了方便起见，用 k_e 表示桨的有用功和桨所吸收能量增加的比值，即

$$k_e = \frac{V_\infty \Delta T}{2\pi n_s \Delta Q} \tag{3-4}$$

　　理论上，叶素环量的增加，将产生一定量的 $2\pi n_s \Delta Q$，即能量消耗的增加。如果这个环量加在不同的半径位置，则可得到不同的 k_e 值。若要提高螺旋桨的效率，设计时应该考虑在 k_e 值大的地方增加环量，在 k_e 值小的地方减少环量。这样，可以推测最好的设计结果沿着桨叶半径，所有地方的 k_e 值都相同，因为每一处的 k_e 值都达到了设计最大值，没有哪个半径处的 k_e 值可以再增加，要求 k_e 值沿桨叶必须是常数。

　　为了确定 k_e 值，仍需假设某个叶素环量增加不影响其他叶素环量，并忽略叶素的阻力，则半径 r 处叶素环量增加所产生的拉力和扭矩增量分别为

$$\Delta T = \rho \Delta\Gamma (2\pi n_s r - v_1)\mathrm{d}r \tag{3-5}$$

$$\Delta Q = \rho \Delta\Gamma (V_\infty + v_2) r \mathrm{d}r \tag{3-6}$$

因此，

$$k_e = \frac{V_\infty \Delta T}{2\pi n_s \Delta Q} = \frac{V_\infty (2\pi n_s r - v_1)}{2\pi n_s (V_\infty + v_2) r} \tag{3-7}$$

即

$$\frac{V_\infty}{2\pi n_s r k_e} = \frac{V_\infty + v_2}{2\pi n_s r - v_1} \qquad (3\text{-}8)$$

由对应的 $\varPhi$ 角相同知

$$\frac{V_\infty}{2\pi n_s r k_e} = \frac{V_\infty + v_2}{2\pi n_s r - v_1} = \frac{V_\infty + v'}{2\pi n_s r} \qquad (3\text{-}9)$$

因此，

$$k_e = \frac{V_\infty}{V_\infty + v'} \qquad (3\text{-}10)$$

如图 3-2 所示，v' 表示线 CD 的长度，也就是桨后涡丝的轴向移动速度。最小能量损失要求 k_e 为常数，即每一半径距上的 k_e 都一样，所以 v' 必须是常数。这说明螺旋桨的最小能量损失条件是最后尾流中的尾涡线都在一个定距的螺旋桨旋转平面上。这就是最小能量损失条件成立的必要条件。

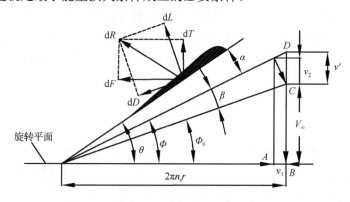

图 3-2　叶素速度三角形

定义：

$$\zeta = \frac{v'}{V_\infty} \qquad (3\text{-}11)$$

则 Betz 最小能量损失条件为

$$\zeta = \text{Const} \qquad (3\text{-}12)$$

3.2.2　应用 Betz 条件的基本公式

应用 Betz 条件进行螺旋桨设计，需要知道设计值（螺旋桨需产生的拉力或需用功率）与 ζ 的关系。为了应用方便，这里仅列举需要用到的基本公式，详细推导参见文献[1]和文献[2]。

定义无量纲拉力系数和功率系数：

$$T_c = \frac{2T}{\rho V_\infty^2 \pi R^2} \tag{3-13}$$

$$P_c = \frac{2P}{\rho V_\infty^3 \pi R^2} \tag{3-14}$$

注意：这里的拉力系数 T_c 和功率系数 P_c 的定义与前文的 C_t 和 C_p 的定义不同。

（1）对于给定拉力的情况：

$$\zeta = \frac{I_1}{2I_2} - \sqrt{\left(\frac{I_1}{2I_2}\right)^2 + \frac{T_c}{I_2}} \tag{3-15}$$

$$P_c = J_1 \zeta + J_2 \zeta^2 \tag{3-16}$$

（2）对于给定功率的情况：

$$\zeta = \frac{J_1}{2J_2} - \sqrt{\left(\frac{J_1}{2J_2}\right)^2 + \frac{P_c}{J_2}} \tag{3-17}$$

$$T_c = I_1 \zeta - I_2 \zeta^2 \tag{3-18}$$

另有，

$$T_c' = I_1' \zeta - I_2' \zeta^2 \tag{3-19}$$

$$P_c' = J_1' \zeta + J_2' \zeta^2 \tag{3-20}$$

其中，上标一撇表示相对半径 $\bar{r}$ 的导数。

$$I_1' = 4\bar{r}G(1 - \varepsilon \tan\phi) \tag{3-21}$$

$$I_2' = \lambda \frac{I_1'/2\bar{r}}{1 + \varepsilon/\tan\phi} \sin\phi \cos\phi \tag{3-22}$$

$$J_1' = 4\bar{r}G\left(1 + \frac{\varepsilon}{\tan\phi}\right) \tag{3-23}$$

$$J_2' = \frac{J_1'}{2}(1 - \varepsilon \tan\phi)\cos^2\phi \tag{3-24}$$

由叶素速度三角形关系可得

$$\tan\phi = \frac{1 + \zeta/2}{\xi} = \left(1 + \frac{\zeta}{2}\right)\frac{\lambda}{\bar{r}} \tag{3-25}$$

由动量方程和涡流理论可得

$$a = \frac{\zeta}{2}\cos^2\phi(1 - \varepsilon \tan\phi) \tag{3-26}$$

$$a' = \frac{\zeta}{2\xi}\cos\phi\sin\phi\left(1+\frac{\varepsilon}{\tan\phi}\right) \tag{3-27}$$

式中，$a = \frac{v'}{V_\infty}-1$；$a' = \frac{\omega}{\Omega}$；$\varepsilon$ 为翼型的阻升比。

由茹科夫斯基引力定理：

$$C_l b = \frac{4\pi\lambda GR\zeta}{WB} \tag{3-28}$$

式中，C_l 为翼型升力系数，与翼型的剖面形状、迎角、雷诺数和马赫数相关；b 为翼型的弦长；B 为桨叶数量；λ 为前进比，定义为

$$\lambda = \frac{V_\infty}{n_s(2R)} \tag{3-29}$$

G 为环量函数，定义为

$$G = k\xi\cos\phi\sin\phi \tag{3-30}$$

$$\xi = \frac{\Omega r}{V_\infty} \tag{3-31}$$

式（3-30）中，k 为有限桨叶修正因子，或称动量修正因子，定义为

$$k = \frac{\Gamma B}{4\pi vr\sin\phi} \tag{3-32}$$

式中，v 是桨盘平面处半无限长螺旋形涡层引起的法向分速度。k 值的大小是按 Goldstein 理论计算，实用中可查文献[6]。

以上是应用 Betz 条件进行螺旋桨初步设计需要用到的基本公式。下面以一个实例说明如何确定螺旋桨设计参数及基于 Betz 条件进行螺旋桨初步设计。

3.3　设　计　实　例

为了给初学者提供一个可以参考的实例和一个可供比对的算例，本书在简化条件下，给出一个小型无人机用螺旋桨的设计过程和设计结果。

3.3.1　设计参数与要求

根据前文的介绍，螺旋桨的三大类设计参数与要求分别如下。

1. 设计实例的飞行（器）条件

1）飞行速度与飞行高度

假定某型无人机的巡航飞行高度为海拔 3000m，巡航飞行速度为 41.7m/s。

2）推力需求与功率约束

螺旋桨的推力需求为 200N，需用功率小于 10kW。

3）螺旋桨安装的"几何环境"条件

螺旋桨安装在无人机机身后部，即为推桨。螺旋桨前的机身当量直径为 300mm。螺旋桨旋转平面与机身后端面距离为 100mm。

2. 设计实例的发动机系统条件

1）转速与功率

发动机的性能见附录 2。该发动机最大可用转速为 7500r/min，最大功率为 18.58kW。

2）转速与经济性

发动机最经济的转速为 5500r/min，对应的单位油耗 SFC 为 0.392～0.436kg/(kW·h)，且单位油耗越小越好。

3. 设计实例的螺旋桨本体条件

1）几何条件

螺旋桨直径不大于 800mm，桨叶数为 2 叶。

2）性能条件

螺旋桨在海拔为 3000m，飞行速度为 41.7m/s 的条件下，推力应大于 200N，转速应在 5500r/min 左右，需用功率需小于 10kW。

3）材质与内部结构条件

螺旋桨为全木质材质，内部结构为实心结构。

4）其他条件

螺旋桨质量小于 400g。

3.3.2　应用 Betz 条件的设计

采用 Betz 条件进行螺旋桨设计，主要步骤如下：

（1）选取翼型为 SCLKY 系列翼型，该系列翼型的外形数据和气动特性参见附录 1；

（2）选取 ζ 值，ζ 的初值可选 0.1；

（3）借助式（3-25）确定各剖面 ϕ 值，再查文献[2]确定有限桨叶修正因子 k；

（4）输入所选 SCLKY 系列翼型的阻升比，参见表 3-1；

（5）计算轴向诱导因子 a 和周向诱导因子 a'，再利用合成速度关系式求出剖面合成速度 W（若与预计的 W 和 Ma 相差较大，重复第（4）步和第（5）步，直至误差在允许范围）；

表 3-1　应用 Betz 条件设计的螺旋桨外形数据及剖面参数

相对半径	0.30	0.45	0.60	0.70	0.75	0.80	0.85	0.90	0.95
翼型	SCLKY-300	SCLKY-250	SCLKY-180	SCLKY-117	SCLKY-117	SCLKY-117	SCLKY-117	SCLKY-117	SCLKY-100
迎角/(°)	8.00	6.00	4.00	2.00	2.00	2.00	2.00	1.50	1.00
升力系数	0.700	0.750	0.670	0.600	0.600	0.600	0.600	0.550	0.500
阻升比	0.016	0.016	0.016	0.010	0.010	0.010	0.010	0.015	0.018
安装角/(°)	44.11	31.93	24.04	19.36	18.26	17.30	16.44	15.16	13.97
弦长/m	0.104	0.082	0.074	0.068	0.061	0.054	0.046	0.041	0.032
雷诺数	0.449×10^6	0.493×10^6	0.569×10^6	0.609×10^6	0.584×10^6	0.549×10^6	0.499×10^6	0.467×10^6	0.381×10^6
马赫数	0.245	0.339	0.439	0.507	0.541	0.575	0.609	0.643	0.678
设计输入	飞行速度=41.7m/s	推力=215.0N	密度=0.909kg/m³	$\mu=1.69250\times10^{-5}$	当地声速=328.2m/s	桨盘直径=0.800m	叶片数=2	转速=5500r/min	
设计结果		效率=0.792		需用功率=11.3kW		推力系数=0.542	功率系数=0.684		
效用因子					AF=100.2				

（6）计算各剖面弦长及安装角 θ；

（7）计算 I 和 J 的四个导数并进行数值积分；

（8）计算 ζ 值（若与初始设计值差别较大，调整初始 ζ 值，从第（2）步开始重新计算，直至收敛）；

（9）确定 C_T、C_P 和最终螺旋桨效率值。

螺旋桨设计外形三维视图如图 3-3 所示。

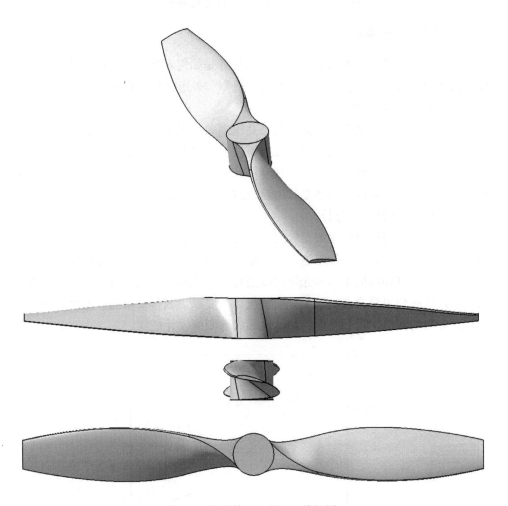

图 3-3　螺旋桨设计外形三维视图

说明：效用因子（activity factor，AF）是描述螺旋桨桨叶宽度的指标，其定义是

$$AF = 6250\int_{r_h}^{1} \overline{b}\, \overline{r}^2 \mathrm{d}\overline{r} \qquad (3\text{-}33)$$

式中，r_h 为桨毂处的半径；$\overline{b}$ 为桨叶当地半径相对于桨尖半径的弦长；$\overline{r}$ 为相对半径。AF 值越大，桨叶越宽。通常，AF 值为 100 左右是一般宽度的桨叶，AF 值在 80 左右的是窄桨叶，AF 值在 120 左右的是宽桨叶。

3.3.3　设计结果的表示

螺旋桨外形基本参数设计完成之后的任务是如何对外形设计结果进行表示。通常需要做两方面的工作，即螺旋桨三维造型和外形合理性直观分析。

1）螺旋桨三维造型

螺旋桨基本参数确定后，简单做法是根据薄翼理论将各剖面以 25%弦长位置为中心旋转至各自的安装角，然后光滑过渡至各剖面形成螺旋桨型面（现代高效率、低噪声螺旋桨的剖面旋转中心往往不在一条直线上，需要准确给出各剖面旋转中心的空间位置以准确描述桨叶的前掠或后掠，甚至桨叶的上反或下反）。

2）外形合理性直观分析

外形合理性直观分析主要是针对桨叶安装角、桨叶弦长和桨叶厚度沿展向分布的合理性进行判断。一般将这三个参数首先绘成图 3-4～图 3-6 的形式。

然后，根据曲线的走向和光滑程度进行直观判断。安装角分布通常根部大、尖部小，过渡要尽量光滑；弦长分布情况比较复杂，通常要求至少过渡光顺；桨叶厚度分布通常要求根部厚而尖部薄，形成等刚度设计最佳。

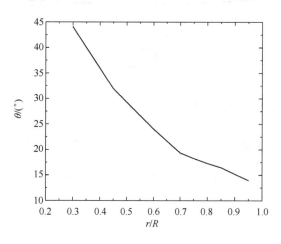

图 3-4　桨叶安装角分布

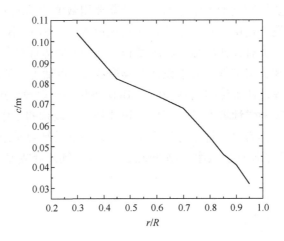

图 3-5　桨叶弦长分布

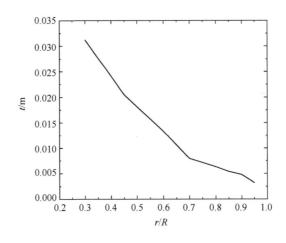

图 3-6　桨叶厚度分布

应该说，桨叶三维造型与空气动力学设计和评估是紧密联系的，这里仅介绍了最简单的一种情形。

3.3.4　检查与校核

在上述步骤完成之后，螺旋桨气动外形的设计基本完成。这时，需要进行的工作是检查与校核。

检查工作包括检查设计要求的每一项内容，最容易忽视的问题是螺旋桨的安装方式与旋转方向，需要特别注意。

　　校核工作主要指空气动力学方面的性能需要用数值计算或风洞试验的方法进行校核，以满足设计使用要求。当然，在正式投入加工和使用阶段之前，还需要相关专业的工作人员对设计的强度、刚度和工艺性能等方面进行校核。

　　本章给出了螺旋桨空气动力学设计的典型步骤，包括飞行条件、发动机条件、螺旋桨本体条件等设计条件的明确和应用 Betz 条件的一般设计过程，并给出了简化条件下的设计实例供读者参考。螺旋桨设计是一件复杂的工作，采用螺旋桨的 Betz 条件为设计工作带来了许多方便。但是，该方法的缺点是未考虑翼型损失和马赫数的影响。为了设计出效率更高的螺旋桨，应继续开展数值优化方面的工作。

第 4 章　螺旋桨性能计算

螺旋桨的空气动力学性能可以通过试飞、数值计算或地面风洞试验方法获取。大多数情况下，试飞是风险和经济代价比较高的方法，一般仅在螺旋桨设计基本定型的阶段采用。数值计算和地面风洞试验是最常用的方法。本章主要介绍螺旋桨性能的数值计算方法。

螺旋桨性能的数值计算（又称数值模拟）方法是根据定解条件（边界条件和初始条件），通过求解流动控制方程数值解，获取螺旋桨表面空气动力学参数及空间流场信息的方法。通过求解螺旋桨流场的基本方程可以计算出流场各处的速度、压力以及螺旋桨表面的压力和摩擦力，得到螺旋桨的拉力、扭矩，进而得到功率和效率等数据。

4.1　螺旋桨性能计算的基本概念

流体流动基本控制方程通常包括质量守恒方程、动量方程、能量方程及这些方程的定解条件。控制方程和定解条件必须反映工程问题的物理本质，它们是工程问题的数学模型，是数值计算的基础。为了更好地理解和应用流动控制方程，首先介绍螺旋桨性能评估中需要经常用到的一些概念。

4.1.1　绝对运动中的速度和加速度

若坐标固定在无人机机体上，空间内任一点 M 在直角坐标系和圆柱坐标系内的坐标分别是 x、y、z 和 r、θ、z，坐标之间的关系分别是

$$x = r\cos\theta \qquad (4\text{-}1)$$

$$y = r\sin\theta \qquad (4\text{-}2)$$

$$z = z \qquad (4\text{-}3)$$

气体质点的运动规律为

$$\vec{R}(t) = x(t)\vec{i} + y(t)\vec{j} + z(t)\vec{k} \qquad (4\text{-}4)$$

式中，t 表示时间；$\vec{i}$、$\vec{j}$、$\vec{k}$ 分别表示直角坐标系的三个单位向量；$x(t)$、$y(t)$、$z(t)$ 表示在 t 时刻的质点位置。

若记 $\vec{e}_r$、$\vec{e}_\theta$ 和 $\vec{e}_z$ 分别为径向、切向和轴向的单位矢量，$\vec{R}$ 为位置矢量，则

$$\vec{R} = r\vec{e}_r + z\vec{e}_z \qquad (4\text{-}5)$$

由于单位矢量 $\vec{e}_r$ 和 $\vec{e}_\theta$ 的方向随点的位置变化，因此在 dt 时间内，流体质点从空间一个位置运动到另一个位置时，即有位移 $d\vec{R}$ 时，$\vec{e}_r$ 和 $\vec{e}_\theta$ 分别也有一个微小变化 $d\vec{e}_r$ 和 $d\vec{e}_\theta$。

两个坐标系单位矢量的关系为

$$\vec{e}_r = \vec{i}\cos\theta + \vec{j}\sin\theta \qquad (4\text{-}6)$$

$$\vec{e}_\theta = -\vec{i}\sin\theta + \vec{j}\cos\theta \qquad (4\text{-}7)$$

$$\vec{e}_z = \vec{R} \qquad (4\text{-}8)$$

在圆柱坐标系内，绝对运动的速度和加速度分别为

$$\vec{C} = \frac{d\vec{R}}{dt} = \frac{dr}{dt}\vec{e}_r + r\frac{d\vec{e}_r}{dt} + \frac{dz}{dt}\vec{e}_z = \frac{dr}{dt}\vec{e}_r + r\frac{d\theta}{dt}\vec{e}_\theta + \frac{dz}{dt}\vec{e}_z \qquad (4\text{-}9)$$

$$\vec{a} = \frac{d\vec{C}}{dt} = \left(\frac{dC_r}{dt} - \frac{C_u^2}{r}\right)\vec{e}_r + \left(\frac{C_r C_u}{r} - \frac{dC_u}{dt}\right)\vec{e}_\theta + \frac{dC_z}{dt}\vec{e}_z \qquad (4\text{-}10)$$

式中，

$$C_r = \frac{dr}{dt} \qquad (4\text{-}11)$$

$$C_u = r\frac{d\theta}{dt} \qquad (4\text{-}12)$$

$$C_z = \frac{dz}{dt} \qquad (4\text{-}13)$$

4.1.2　相对运动中的速度和加速度

当螺旋桨以等角速度 Ω 绕 z 轴旋转时，取以 z 轴按等角速度 Ω 旋转的坐标系为相对坐标系研究比较方便。

设空间任一点在相对坐标系内的坐标为（r, ϕ, z），其角坐标是从固联于相对坐标系上的一根径向线来度量的。在相对坐标系下，气体的任一参考量 q 可表示为

$$q = q(r, \phi, z, t) \qquad (4\text{-}14)$$

这样，绝对坐标与相对坐标的关系如下：

$$r = r \qquad (4\text{-}15)$$

$$\theta = \phi + \Omega t \qquad (4\text{-}16)$$

$$z = z \tag{4-17}$$

因此，

$$\frac{\mathrm{d}\theta}{\mathrm{d}t} = \frac{\mathrm{d}\phi}{\mathrm{d}t} + \Omega \tag{4-18}$$

绝对速度 $\vec{C}$ 与相对速度 $\vec{W}$ 的关系为

$$C_r = \frac{\mathrm{d}r}{\mathrm{d}t} = W_r \tag{4-19}$$

$$C_u = r\frac{\mathrm{d}\theta}{\mathrm{d}t} = W_u + \Omega r \tag{4-20}$$

$$C_z = \frac{\mathrm{d}z}{\mathrm{d}t} = W_z \tag{4-21}$$

即

$$\vec{C} = \vec{W} + \vec{\Omega} \times \vec{r} \tag{4-22}$$

式中，

$$\vec{\Omega} = \Omega \vec{e}_z \tag{4-23}$$

$$\vec{r} = r\vec{e}_r \tag{4-24}$$

对于加速度，两个坐标系下的关系为

$$\frac{\mathrm{d}\vec{C}}{\mathrm{d}t} = \frac{\mathrm{d}\vec{W}}{\mathrm{d}t} + 2\vec{\Omega} \times \vec{W} - \Omega^2 \vec{r} \tag{4-25}$$

即绝对加速度向量 $\mathrm{d}\vec{C}/\mathrm{d}t$ 是相对加速度向量 $\mathrm{d}\vec{W}/\mathrm{d}t$、科氏加速度向量 $2\vec{\Omega} \times \vec{W}$ 和向心加速度向量 $-\Omega^2 \vec{r}$ 三者的向量和。

4.1.3　基本方程

求解流场的基本方程包括质量守恒方程（又称连续方程）、动量方程和能量方程。根据求解问题的特点，各方程又有不同的形式。这里列出求解螺旋桨流场常用的方程形式，重点介绍其中包含的重要概念。

1）连续方程

对于相对运动，连续方程为

$$\frac{\partial \rho}{\partial t} + \nabla(\rho \vec{W}) = 0 \tag{4-26}$$

或

$$\frac{\partial \rho}{\partial t} + \frac{1}{r}\left[\frac{\partial(\rho W_r r)}{\partial r} + \frac{\partial(\rho W_u)}{\partial \phi} + \frac{\partial(\rho W_z r)}{\partial z}\right] = 0 \tag{4-27}$$

对于定常的相对运动有

$$\nabla(\rho\overrightarrow{W}) = 0 \tag{4-28}$$

或

$$\frac{1}{r}\left[\frac{\partial(\rho W_r r)}{\partial r} + \frac{\partial(\rho W_u)}{\partial\phi} + \frac{\partial(\rho W_z r)}{\partial z}\right] = 0 \tag{4-29}$$

2）动量方程

绝对运动的动量方程为

$$\frac{\partial\vec{e}}{\partial t} - \vec{C}\times(\nabla\times\vec{C}) = -\nabla i^* + T\nabla S - \nabla(qz) + \vec{f} \tag{4-30}$$

而相对运动的动量方程为

$$\frac{\partial\overrightarrow{W}}{\partial t} - \overrightarrow{W}\times(\nabla\times\vec{C}) = -\nabla I + T\nabla S - \nabla(qz) + \vec{f} \tag{4-31}$$

式中，$I = i + \frac{1}{2}W^2 - \frac{1}{2}\Omega^2 r^2$，为滞止转子焓[7]；$i^* = i + \frac{C^2}{2}$，为相对滞止焓。

必须注意，相对运动的动量方程中与焓有关的参量是滞止转子焓 I，而不是相对滞止焓 i^*，左端的旋度仍然是绝对旋度，而不是相对旋度 $\nabla\times\overrightarrow{W}$。

3）能量方程

略去重力，对于理想气体的绝热定常流动，能量方程为

$$\frac{\mathrm{d}i^*}{\mathrm{d}t} = 0 \tag{4-32}$$

式（4-32）表明，气体的相对滞止焓 i^* 沿着（绝对）流线不变。对于螺旋桨附近的流动，绝对运动是非定常的，但相对运动是（准）定常的，相对运动的能量方程为

$$\frac{\mathrm{d}I}{\mathrm{d}t} = 0 \tag{4-33}$$

因为

$$I = i^* - \Omega C_u r \tag{4-34}$$

所以

$$\frac{\mathrm{d}i^*}{\mathrm{d}t} = \Omega\frac{\mathrm{d}(C_u r)}{\mathrm{d}t} \tag{4-35}$$

式（4-35）表明，桨叶附近气体的相对滞止焓与气体旋转 $C_u r$ 的变化率成正比。

4.2 基于涡格法的螺旋桨性能计算

螺旋桨总的气动特性（如推力、扭矩、效率等）可以使用片条理论和升力线等简单方法计算，但要准确计算桨叶表面的压力分布必须使用升力面、全速势方程、Euler 方程或 N-S 方程等更精细的计算方法。

4.2.1 传统的涡格法

文献[1]指出，桨尖马赫数 Ma 在小于 0.7 的范围内可以使用桨叶表面布涡的升力面方法模拟流动的基本特性。

在升力面方法中，采用基于螺旋桨的坐标系非常方便，即坐标系建立在螺旋桨上。本书定义桨的旋转轴为 z 轴，叶片径向为 x 轴，y 轴垂直于 xz 平面。z 轴与 x 轴、y 轴的关系符合右手定则。通俗地讲就是桨叶不动，气流以飞行速度沿 z 轴流动，同时气流又以螺旋桨的旋转速度反方向绕 z 轴流动。这样，螺旋桨周围的流场是定常的和（大致是）轴对称的，螺旋桨的受力也是定常的，相对运动诸方程中的非定常项通常可以略去。

传统的升力面方法通常采用涡格法，涡格法布涡示意图如图 4-1 所示。具体做法是将桨叶沿展向分成若干段，每一段沿弦线方向在桨叶上下表面均匀布置四边形涡环，由最后一些面元拖出马蹄涡在尾缘处相遇，并伸向无穷远。展向附着涡位于每个面元的前缘，两个面上的第一根附着涡在桨叶前缘重合。

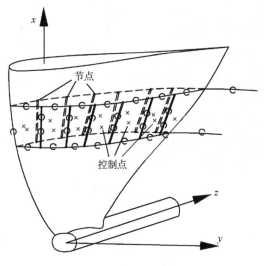

图 4-1 涡格法布涡示意图

涡格法应用的基本公式如下。

1）Biot-Savart 定理

Biot-Savart 定理描述了涡线微元对空间某点的诱导速度，其数学表达式为

$$\frac{\mathrm{d}\vec{V}}{V_\infty} = -\frac{\Gamma}{4\pi R V_\infty} \cdot \frac{\vec{l} \times \mathrm{d}\vec{s}}{\left|\vec{l}\right|^3} \tag{4-36}$$

式中，V_∞ 为来流速度；$\mathrm{d}\vec{V}$ 为涡线微段 $\mathrm{d}\vec{s}$ 对某一点的诱导速度；$\vec{l}$ 为 $\mathrm{d}\vec{s}$ 到计算诱导速度点的矢量；Γ 为涡线的强度。

2）附着涡的诱导速度

设一段附着涡的起点为 $(x_1,\ y_1,\ z_1)$，终点为 $(x_t,\ y_t,\ z_t)$。从起点到终点对式（4-36）进行积分，得到该附着涡在点 $(x,\ y,\ z)$ 处引起的诱导速度为

$$\begin{cases} \dfrac{u}{V_\infty} = \dfrac{\Gamma}{4\pi R V_\infty} F_{ub} \\[2mm] \dfrac{v}{V_\infty} = \dfrac{\Gamma}{4\pi R V_\infty} F_{vb} \\[2mm] \dfrac{w}{V_\infty} = \dfrac{\Gamma}{4\pi R V_\infty} F_{wb} \end{cases} \tag{4-37}$$

式中，F_{ub}、F_{vb} 和 F_{wb} 是附着涡的影响系数，由下列诸式确定：

$$\begin{cases} F_{ub} = \left[(y_1-y)(z_t-z_1)-(z_1-z)(y_t-y_1)\right]I \\ F_{vb} = \left[(z_1-z)(x_t-x_1)-(x_1-x)(z_t-z_1)\right]I \\ F_{wb} = \left[(x_1-x)(y_t-y_1)-(y_1-y)(x_t-x_1)\right]I \end{cases} \tag{4-38}$$

$$\begin{cases} I = \dfrac{1}{ac-b^2}\left(\dfrac{a+b}{\sqrt{a+2b+c}}-\dfrac{b}{\sqrt{c}}\right) \\ a = (x_t-x_1)^2+(y_t-y_1)^2+(z_t-z_1)^2 \\ b = (x_t-x_1)(x_1-x)+(y_t-y_1)(y_1-y)+(z_t-z_1)(z_1-z) \\ c = (x_1-x)^2+(y_1-y)^2+(z_1-z)^2 \end{cases} \tag{4-39}$$

3）螺旋型尾涡的诱导速度

采用刚性螺旋型尾涡模型，从螺旋型尾涡的起点积分到无穷远处，得到它在柱坐标 $(\rho,\ \psi,\ z_c)$ 处的诱导速度为

$$\begin{cases} \dfrac{u}{V_\infty} = \dfrac{\Gamma}{4\pi R V_\infty} F_{uh} \\[2mm] \dfrac{v}{V_\infty} = \dfrac{\Gamma}{4\pi R V_\infty} F_{vh} \\[2mm] \dfrac{w}{V_\infty} = \dfrac{\Gamma}{4\pi R V_\infty} F_{wh} \end{cases} \tag{4-40}$$

式中，F_{uh}、F_{vh}、F_{wh} 是螺旋型尾涡的影响系数，由下列诸式确定：

$$
\begin{cases}
F_{uh} = \int_{\theta}^{\infty} \dfrac{\dfrac{V_{\infty}}{\Omega R}\left\{(r\sin\theta - r\sin\psi) - \left[\theta - \theta_0 - \dfrac{z_c}{V_{\infty}/(\Omega R)}\right]r\cos\theta\right\}\mathrm{d}\theta}{l^3} \\[4mm]
F_{vh} = \int_{\theta}^{\infty} \dfrac{\dfrac{V_{\infty}}{\Omega R}\left\{(-r\cos\theta + r\sin\psi) - \left[\theta - \theta_0 - \dfrac{z_c}{V_{\infty}/(\Omega R)}\right]r\sin\theta\right\}\mathrm{d}\theta}{l^3} \\[4mm]
F_{wh} = \int_{\theta}^{\infty} \dfrac{\left[r^2 - \rho r\cos(\theta - \psi)\right]\mathrm{d}\theta}{l^3}
\end{cases} \tag{4-41}
$$

$$
l = \sqrt{r^2 + \rho^2 - 2r\rho\cos(\theta - \psi) + \dfrac{V_{\infty}}{(\Omega R)^2}\left[\theta - \theta_0 - \dfrac{z_c}{V_{\infty}/(\Omega R)}\right]^2} \tag{4-42}
$$

4）四边形涡环的诱导速度

四边形涡环的诱导速度由式（4-43）给出：

$$
\begin{cases}
\dfrac{u_{mm}}{V} = \dfrac{\Gamma_{ij}}{4\pi RV}F_{u_{ijmn}} \\[3mm]
\dfrac{v_{mm}}{V} = \dfrac{\Gamma_{ij}}{4\pi RV}F_{v_{ijmn}} \\[3mm]
\dfrac{w_{mm}}{V} = \dfrac{\Gamma_{ij}}{4\pi RV}F_{w_{ijmn}}
\end{cases} \tag{4-43}
$$

式中，影响系数 $F_{u_{ijmn}}$、$F_{v_{ijmn}}$、$F_{w_{ijmn}}$ 等于四边形涡环的影响系数之和。

5）马蹄涡的诱导速度

马蹄涡总的诱导速度为附着涡、内侧螺旋型尾涡和外侧螺旋型尾涡诱导速度之和，故第 j 个控制点处第 i 个马蹄涡的诱导速度可表示为

$$
\begin{cases}
\left(\dfrac{u}{V_{\infty}}\right)_{ij} = \dfrac{\Gamma_i}{4\pi RV_{\infty}}(F_{uh_{i+1,j}} - F_{uh_{i,j}} + F_{ub_{i,j}}) = \dfrac{\Gamma_i}{4\pi RV_{\infty}}F_{u_{i,j}} \\[3mm]
\left(\dfrac{v}{V_{\infty}}\right)_{ij} = \dfrac{\Gamma_i}{4\pi RV_{\infty}}(F_{vh_{i+1,j}} - F_{vh_{i,j}} + F_{vb_{i,j}}) = \dfrac{\Gamma_i}{4\pi RV_{\infty}}F_{v_{i,j}} \\[3mm]
\left(\dfrac{w}{V_{\infty}}\right)_{ij} = \dfrac{\Gamma_i}{4\pi RV_{\infty}}(F_{wh_{i+1,j}} - F_{wh_{i,j}} + F_{wb_{i,j}}) = \dfrac{\Gamma_i}{4\pi RV_{\infty}}F_{w_{i,j}}
\end{cases} \tag{4-44}
$$

式中，$F_{u_{i,j}}$、$F_{v_{i,j}}$、$F_{w_{i,j}}$ 为马蹄涡的影响系数。

6）若有 B 个桨叶，每个控制点的诱导速度为每个叶片对该点的诱导速度之

和，则第 j 个控制点处的诱导速度为

$$
\begin{cases}
\dfrac{u_j}{V_\infty} = \displaystyle\sum_{k=1}^{B}\sum_{i=1}^{K} \dfrac{\varGamma_i}{4\pi R V_\infty} F_{u_{i,j}} \\[2mm]
\dfrac{v_j}{V_\infty} = \displaystyle\sum_{k=1}^{B}\sum_{i=1}^{K} \dfrac{\varGamma_i}{4\pi R V_\infty} F_{v_{i,j}} \\[2mm]
\dfrac{w_j}{V_\infty} = \displaystyle\sum_{k=1}^{B}\sum_{i=1}^{K} \dfrac{\varGamma_i}{4\pi R V_\infty} F_{w_{i,j}}
\end{cases}
\tag{4-45}
$$

式中，B 为螺旋桨的桨叶数；K 为单个桨叶上的涡格数。

边界条件为桨叶表面法向分速度为零，即

$$
\vec{V} \cdot \vec{n} = 0 \tag{4-46}
$$

若桨叶表面的方程为

$$
z = f(x, y) \tag{4-47}
$$

则桨叶表面法线方向为

$$
\vec{n} = \nabla\left[z - f(x, y) \right] = -f_x \vec{i} - f_y \vec{j} + \vec{k} \tag{4-48}
$$

因此，在任意控制点 j 处，有如下方程：

$$
\frac{u_j}{V_\infty} f_{x_j} + \frac{v_j}{V_\infty} f_{y_j} - \frac{w_j}{V_\infty} = \frac{\varOmega \gamma_j \cos\theta_j}{V_\infty} f_{x_j} - \frac{\varOmega \gamma_j \cos\theta_j}{V_\infty} f_{y_j} + 1 \tag{4-49}
$$

每个涡格有一个控制点，就有一个方程。这样共有 M 个方程，可解出 M 个涡强。再由茹科夫斯基定理计算桨叶上拉力分布和扭矩分布。根据每个剖面翼型的升力，可求出翼型的升力系数，查翼型的特性曲线可求出翼型的阻力系数，从而可以分析翼型阻力对螺旋桨性能的影响。

如上所述的涡格法对于螺旋桨宏观的拉力和扭矩计算比较准确，但是对于表面压力分布计算很不理想，甚至连趋势都与实际不符。其原因主要在于涡格法实际是以一系列涡环代替沿表面连续的分布涡，假定在每个涡环内涡强分布为零。实际上表面连续分布涡会在桨叶表面产生垂直于涡矢量的切向速度，而且在涡面两边产生不连续的切向分速度。因此，不考虑涡分布的传统涡格法不能正确预测桨叶的表面压力分布。

4.2.2　改进的涡格法

传统涡格法不能准确模拟表面连续分布涡的影响，从而导致压力分布计算不理想。这里采用文献[8]在叶片表面布置分布涡的方法，该方法较好地计算了叶片的表面压力分布，具体做法简述如下。

（1）沿叶片展向取 $m+1$ 个截面，则叶片沿展向被分为 m 段。

（2）将两相邻截面中线（翼型）沿弦线分为 n 段，则有 $n+1$ 个节点。然后，由后缘沿下翼面向前缘，绕过前缘从上翼面再向后缘布置分布涡，节点处的涡强密度分别为 γ_i，$i=1,2,\cdots,n+1$。两相邻节点间涡强密度为线性变化。为在后缘处满足库塔条件，令 $\gamma_{n+1}=-\gamma_1$。这样一个展向分段上就有 n 个待定的涡强密度，整个叶片上共有 $m\times n$ 个待定的涡强密度。

（3）沿弦线方向在两相邻节点间再取 S 段，把每段上的涡强集中放在该段的中点，即该处的涡强为

$$\Gamma_{ik} = \gamma_{ik} \cdot \mathrm{d}l_{ik} \tag{4-50}$$

式中，$\mathrm{d}l_{ik}$ 为翼型弧长；γ_{ik} 为当地涡强密度，其值由前后两个节点的涡强密度值线性插值计算得到，即

$$\gamma_{ik} = \gamma_i \cdot k / S + \gamma_{i+1} \cdot (S-k)S \tag{4-51}$$

考虑三维效应，采用 Ⅱ 形涡布涡法。将每一个 Γ_{ik} 在相邻的展向节点处顺弦向折起沿布涡方向到达翼型后缘，然后成为螺旋型尾涡脱出。对于每一分段，将 Γ_{ik} 的诱导速度累加，可以计算出 γ_i 和 γ_{i+1} 的影响因子。

取相邻四个节点的几何中点为翼面控制点。对于每个控制点都有诱导速度：

$$
\begin{aligned}
U_{ij} &= \sum_{k=1}^{mn} Fu1_{ij,k}\gamma_k + \sum_{k=2}^{mn} Fu2_{ij,k}\gamma_k - Fu2_{ij,1}\gamma_1 \\
&= (Fu1_{ij,1} - Fu2_{ij,1}\gamma_1)\gamma_1 + \sum_{k=2}^{mn}(Fu1_{ij,k} + Fu2_{ij,k})\gamma_k \\
&= \sum_{k=1}^{mn} A_{ij,k}\gamma_k
\end{aligned}
\tag{4-52}
$$

同理，

$$V_{ij} = \sum_{k=1}^{mn} Fv1_{ij,k}\gamma_k + \sum_{k=2}^{mn} Fv2_{ij,k}\gamma_k - Fv2_{ij,1}\gamma_1 = \sum_{k=1}^{mn} B_{ij,k}\gamma_k \tag{4-53}$$

$$W_{ij} = \sum_{k=1}^{mn} Fw1_{ij,k}\gamma_k + \sum_{k=2}^{mn} Fw2_{ij,k}\gamma_k - Fw2_{ij,1}\gamma_1 = \sum_{k=1}^{mn} C_{ij,k}\gamma_k \qquad (4\text{-}54)$$

边界条件仍采用桨叶表面法向分速度为零的物面条件。这样，整个叶片有 $m\times n$ 个控制点，可得到 $m\times n$ 个方程，从而解出 $m\times n$ 个涡强密度。

各节点处的涡强密度求出后，就可以求出各控制点处的切向合速度。该速度等于当地涡强密度的一半，加上其他位置的分布涡对该点的切向诱导速度，再加上来流速度与叶片旋转角速度在该点的切向分速度，即

$$v_{t_i} = \frac{\gamma_i}{2} + \sum v_{t_{ini}} + V_\infty \cos\theta_c + r_i\Omega\sin\theta_c \qquad (4\text{-}55)$$

式中，v_{t_i} 为各控制点处的切向合速度；$\sum v_{t_{ini}}$ 为其他位置的分布涡对该点的切向诱导速度；V_∞ 为来流速度；Ω 为螺旋桨旋转角速度；θ_c 为控制点切向与 y 轴夹角。

这里需要强调，基于改进的涡格法求解螺旋桨气动性能的计算方法在优化设计的初期是很有用的工具。在已知各剖面翼型气动性能的条件下，该方法可模拟不同翼型、不同弦长分布、安装角分布和桨叶前掠/后掠对螺旋桨气动性能的影响。在普通个人电脑上，对于一个确定的桨叶外形，性能计算仅需几分钟，非常适用于优化设计初期大量的评估工作。

使用升力面方法，针对 A1#螺旋桨进行气动性能计算，各剖面相对弦长、安装角和相对厚度沿展向的分布如图 4-2～图 4-4 所示，各剖面的表面压力分布计算结果如图 4-5～图 4-12 所示。

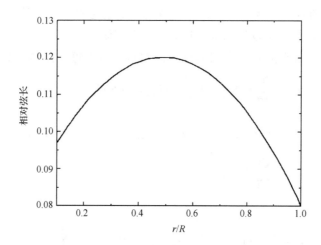

图 4-2　A1#螺旋桨相对弦长沿展向的分布

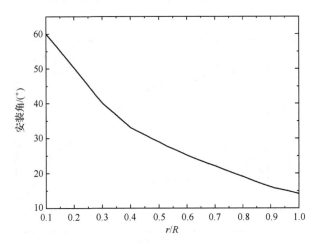

图 4-3　A1#螺旋桨安装角沿展向的分布

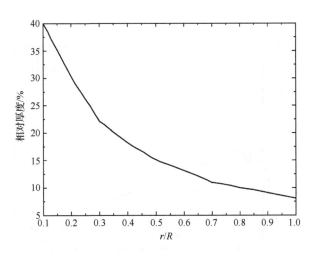

图 4-4　A1#螺旋桨相对厚度沿展向的分布

限于篇幅这里仅列出 A1#螺旋桨表面压力分布计算的典型结果。

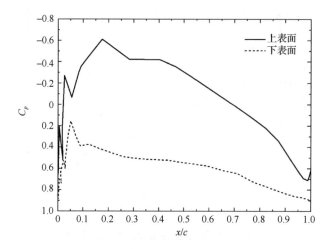

图 4-5　A1#螺旋桨表面压力分布计算结果（r/R=0.15）

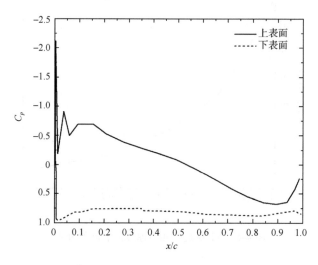

图 4-6　A1#螺旋桨表面压力分布计算结果（r/R=0.25）

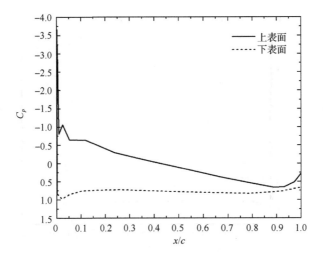

图 4-7　A1$^\#$螺旋桨表面压力分布计算结果（r/R=0.35）

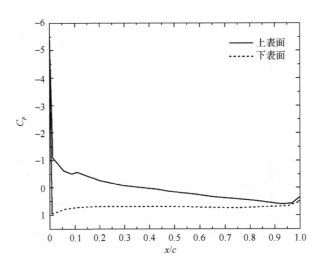

图 4-8　A1$^\#$螺旋桨表面压力分布计算结果（r/R=0.45）

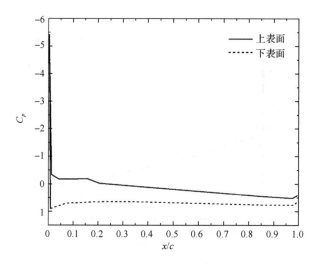

图 4-9　A1#螺旋桨表面压力分布计算结果（r/R=0.55）

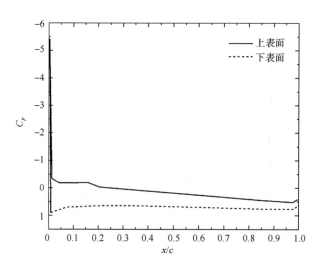

图 4-10　A1#螺旋桨表面压力分布计算结果（r/R=0.65）

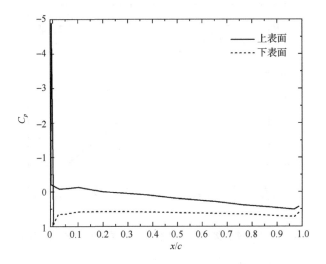

图 4-11　A1#螺旋桨表面压力分布计算结果（r/R=0.75）

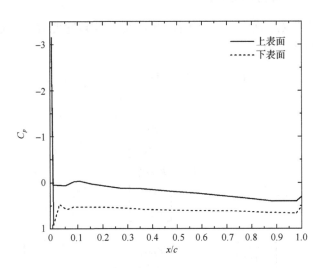

图 4-12　A1#螺旋桨表面压力分布计算结果（r/R=0.85）

　　对计算得出的表面压力分布结果进行积分，可以得到螺旋桨的总体气动性能。A1#螺旋桨的总体气动性能计算结果与试验结果的比较见图 4-13。可以看出，由表面压力分布积分计算的总体气动性能与试验结果的符合情况比较理想，表明本节介绍的计算表面压力分布方法可用性较高。

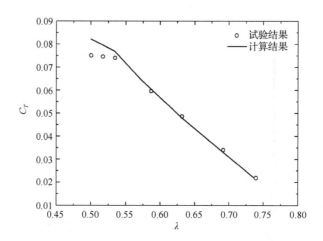

图 4-13　A1#螺旋桨总体气动性能计算结果与试验结果比较

4.3　基于求解 N-S 方程的螺旋桨性能计算

4.3.1　用于流场求解的控制方程

若取柱坐标系 (r, θ, z)，z 为飞行方向，螺旋桨角速度 Ω，与飞行方向平行，则 N-S 方程组的形式为

$$\frac{\partial U}{\partial t} + \frac{\partial (F)}{\partial r} + \frac{\partial (G)}{\partial \theta} + \frac{\partial (H)}{\partial z} = Q \tag{4-56}$$

$$U = \begin{bmatrix} r\rho \\ r\rho v_r \\ r^2 \rho v_\theta \\ r\rho v_z \\ r\rho E \end{bmatrix} \tag{4-57}$$

$$F = \begin{bmatrix} r\rho v_r \\ r(\rho v_r^2 + p) - r\tau_{rr} \\ r^2 \rho v_r v_\theta - r^2 \tau_{\theta r} \\ r\rho v_r v_z - r\tau_{zr} \\ rv_r(\rho E + p) - \lambda r \dfrac{\partial T}{\partial r} - r(\tau_{rr} v_r + \tau_{r\theta} v_\theta + \tau_{rz} v_z) \end{bmatrix} \tag{4-58}$$

$$G = \begin{bmatrix} \rho v_\theta \\ \rho v_r v_\theta \\ r(p + \rho v_\theta^2) - r\tau_{\theta\theta} \\ \rho v_z v_\theta - r\tau_{z\theta} \\ v_\theta(\rho E + p) - \lambda \frac{1}{r}\frac{\partial T}{\partial \theta} - \tau_{\theta r}v_r - \tau_{\theta\theta}v_\theta - \tau_{\theta z}v_z \end{bmatrix} \qquad (4\text{-}59)$$

$$H = \begin{bmatrix} r\rho v_z \\ r\rho v_r v_\theta - r\tau_{zr} \\ r^2 \rho v_z v_\theta - r^2 \tau_{z\theta} \\ r(p + \rho v_z^2) - r\tau_{zz} \\ rv_z(\rho E + p) - \lambda r\frac{\partial T}{\partial r} - r(\tau_{zr}v_r + \tau_{z\theta}v_\theta + \tau_{zz}v_z) \end{bmatrix} \qquad (4\text{-}60)$$

$$Q = \begin{bmatrix} 0 \\ \rho \Omega^2 r^2 + 2r\Omega v_\theta + p + \rho v_\theta^2 - \tau_{\theta\theta} + r\rho f_r \\ -2r^2 \rho \Omega v_r + \rho r^2 f_\theta \\ \rho r f_z \\ \rho r \frac{Dq_h}{Dt} \end{bmatrix} \qquad (4\text{-}61)$$

$$\lambda = -\frac{2}{3}\mu \qquad (4\text{-}62)$$

　　这里仅简单地列出了通常用于求解流场的 N-S 方程形式，一方面是为了知识的系统性；另一方面更是希望能使读者对螺旋桨数值计算中常用的基本概念有清晰的认识。由于数值模拟问题的复杂性及本书的目的，这里就不再详细介绍。有兴趣的读者可参考专门的数值计算专著和论文。

4.3.2　边界条件与初始条件

　　有了流场控制方程，要确定具体的流场，必须有定解条件。定解条件主要是边界条件与初始条件。

　　1）边界条件

　　边界条件包括远场条件和物面条件。

　　对于远场条件，实际计算时只能取一个有限远的边界作为远场。因此，必须采取措施消除有限边界的影响。一般为了模拟物体绕流的真实状态，对远场边界条件的处理必须能够消除扰动在有限远边界上的反射。

　　对于亚声速及跨声速流动，采用 Riemann 不变量处理。根据特征线理论，沿特征线各种物理量满足 Riemann 不变量关系式。采用一维特征线理论，沿远场边界法向构造无反射特征边界条件。

压力远场边界条件是基于垂直于边界的一维 Riemann 不变量的无反射边界条件。对于亚声速流动，有相对于入射波和出射波的两个 Riemann 不变量：

$$R_\infty = v_{n\infty} - \frac{2c_{a\infty}}{\gamma - 1} \tag{4-63}$$

$$R_i = v_{ni} + \frac{2c_{ai}}{\gamma - 1} \tag{4-64}$$

式中，v_n 为垂直于边界的速度；c_a 为局部音速；γ 为完全气体的比热比；下标 ∞ 指应用于无穷的条件；下标 i 指应用于内部区域的条件。两个不变量可以给出如下两个方程：

$$v_n = \frac{1}{2}(R_i + R_\infty) \tag{4-65}$$

$$c_a = \frac{\gamma - 1}{4}(R_i - R_\infty) \tag{4-66}$$

在流动存在的面上，切向速度分量和熵由内部差值计算，入口的值由自由来流的值给出。使用 v_n、c_a 切向速度分量以及熵可以计算出边界表面的密度、速度、温度以及压力值。

物面边界条件，在黏性流动定常计算中，使用无滑移边界条件，绝热壁和法向压力梯度为零，即

$$\begin{cases} v_{物} = 0 \\ \dfrac{\partial p}{\partial n} = 0 \\ \dfrac{\partial T}{\partial n} = 0 \end{cases} \tag{4-67}$$

为了减少计算量，若计算的是对称流动，一般设置一个对称面，只计算一半流场区域，这个对称面上的条件称为对称边界条件。假定所有通过对称边界的流量为零，经过对称平面的对流流量为零，则对称边界的法向速度为零。通过对称平面没有扩散流量，所有流动变量的法向梯度在对称平面内为零。因此，对称边界条件可归结为：①对称平面内法向速度为零；②对称平面内所有变量的法向梯度为零。

2）初始条件

由于非定常分析的复杂性，螺旋桨的气动性能分析中很少用非定常方法，或即使使用非定常方法，也通常关心时间平均意义下螺旋桨的气动性能，所以一般不提初始条件。通常给定物面无滑移条件和匀直来流为初始条件。

4.3.3　湍流模型

目前，在螺旋桨性能数值模拟的工程实践中，以求解湍流流动为主。一般假定，瞬态连续方程和 N-S 方程对于湍流的瞬时流动仍然适用。

根据 Reynolds 平均法，场变量的瞬时值 φ 的时间平均值定义为

$$\bar{\varphi} = \frac{1}{\Delta t} \int_{t}^{t+\Delta t} \varphi(t) \mathrm{d}t \qquad (4\text{-}68)$$

式中，上划线 "－" 表示时间的平均值。

若用上标 "′" 代表脉动值，则场变量的瞬时值 φ、时均值 $\bar{\varphi}$ 和脉动值 φ' 的关系如下：

$$\varphi = \bar{\varphi} + \varphi' \qquad (4\text{-}69)$$

采用时均值与脉动值之和取代流动场变量的瞬时值，则对速度和压力有

$$\begin{cases} \vec{u} = \bar{\vec{u}} + \vec{u}' \\ u = \bar{u} + u' \\ v = \bar{v} + v' \\ w = \bar{w} + w' \\ p = \bar{p} + p' \end{cases} \qquad (4\text{-}70)$$

代入瞬态连续方程和动量方程，对时间取平均并忽略密度脉动的影响，只考虑平均密度的变化，可得可压缩湍流平均流动的控制方程。

为了便于后续分析，引入张量符号，改写方程式（4-56）～式（4-58），则有

$$\frac{\partial \rho}{\partial t} + \frac{\partial}{\partial x_i}(\rho u_i) = 0 \qquad (4\text{-}71)$$

$$\frac{\partial}{\partial x_i}(\rho u_i) + \frac{\partial}{\partial x_j}(\rho u_i u_j) = -\frac{\partial p}{\partial x_i} + \frac{\partial}{\partial x_j}\left(\mu \frac{\partial u_i}{\partial x_j} - \rho \overline{u_i' u_j'}\right) + S_i \qquad (4\text{-}72)$$

$$\frac{\partial(\rho \varphi)}{\partial t} + \frac{\partial(\rho u_j \varphi)}{\partial x_i} = \frac{\partial}{\partial x_j}\left(\Gamma \frac{\partial \varphi}{\partial x_j} - \rho \overline{u_j' \varphi'}\right) + S \qquad (4\text{-}73)$$

式中，下标 i 和 j 的取值范围是（1，2，3）。式（4-71）～式（4-73）为采用张量符号表示的时均连续方程、Reynolds 方程和场变量瞬时值 φ 的时均运输方程。

定义 Reynolds 方程中的 $\rho \overline{u_i' u_j'}$ 为 Reynolds 应力项，即

$$\tau_{ij} = -\rho \overline{u_i' u_j'} \qquad (4\text{-}74)$$

实际上，τ_{ij} 对应 6 个 Reynolds 应力，分别为 3 个正应力和 3 个切应力。

由式（4-71）～式（4-73）构成的方程组共有 5 个方程（Reynolds 方程实际上为 3 个方程），现新增 6 个 Reynolds 应力，再加上原来的 5 个时均未知量（u_x、u_y、u_z、p 和 φ），共有 11 个未知量。因为方程组不封闭，所以必须引入新的湍流模型（方程）才能使式（4-71）～式（4-73）封闭。

从 Reynolds 方程（4-72）可以看出，方程中含有与湍流脉动值相关的 Reynolds 应力 $-\rho\overline{u_i'u_j'}$，它是新的未知量。因此，要使方程组封闭，必须对 Reynolds 应力做出假设，即建立 Reynolds 应力的表达式，或引入新的湍流方程。通过这些表达式或湍流模型，把湍流的脉动值与时均值联系起来。

根据对 Reynolds 应力做出的假设或处理方式的不同，目前常用的湍流模型可分为两大类，Reynolds 应力模型和涡黏性模型。

1）Reynolds 应力模型

在 Reynolds 应力模型中，通常直接构建 Reynolds 应力方程，然后将其与式（4-71）～式（4-73）联立求解。Reynolds 应力模型中的 Reynolds 应力方程为微分形式，如果将 Reynolds 应力方程的微分形式转换为代数方程的形式，则称这种模型为代数应力方程模型。因此，代数应力方程模型也属于 Reynolds 应力模型。

2）涡黏性模型

在涡黏性模型中，通常不直接处理 Reynolds 应力项，而是引入湍流黏度，又称涡黏性系数，然后将湍流应力表示为湍流黏度的函数，整个计算的关键在于确定湍流黏度。

湍流黏度的提出来源于 Boussinesq 提出的涡黏性假设，该假设建立了 Reynolds 应力与平均速度梯度的关系，即

$$-\rho\overline{u_i'u_j'} = \mu_t\left(\frac{\partial u_i}{\partial x_j} + \frac{\partial u_j}{\partial x_x}\right) - \frac{2}{3}\left(\rho k + \mu_t\frac{\partial u_i}{\partial x_i}\right)\delta_{ij} \qquad (4\text{-}75)$$

式中，μ_t 为湍流黏度，又称涡黏性系数，属于空间坐标的函数，取决于流动状态，而不是物性参数，下标 t 为湍流；u_i 为时均速度；δ_{ij} 为"Kronecker delta"符号（当 $i=j$ 时，$\delta_{ij}=1$；当 $i\neq j$ 时，$\delta_{ij}=0$）；k 为湍动能，其表达式为

$$k = \frac{\overline{u_i'u_j'}}{2} = \frac{1}{2}(\overline{u'^2} + \overline{v'^2} + \overline{w'^2}) \qquad (4\text{-}76)$$

由此可见，引入涡黏性假设后，湍流数值模拟的关键在于如何确定湍流黏度 μ_t，而涡黏性模型，就是将湍流黏度 μ_t 与湍流时均参数联系起来的一种关系式。根据确定湍流黏度 μ_t 的微分方程个数，涡黏性模型可分为零方程模型、一方程模型和两方程模型。

目前，两方程模型种类繁多且在工程中应用广泛，其中 $k\text{-}\omega$ SST 模型应用最

广。在大量的实践中，*k-ω* SST 模型是一种混合模型，在边界层外层采用 *k-ε* 模型，而在边界层内层采用 *k-ω* 模型。

k-ω SST 模型（简称 SST 模型）由 Menter 发展，通过一个混合函数过渡，属于积分到壁面的不可压缩/可压缩湍流的两方程涡模型模式。SST 模型最大的优点在于考虑了湍流剪切应力，从而不会对湍流黏度造成过度预测。SST 模型的各项参数取值请参阅文献[9]或其他数值计算专业文献。

4.3.4　旋转坐标系与交界面

前已述及，当螺旋桨的旋转轴与飞行速度的方向一致时，将相对坐标系固联于螺旋桨，即以螺旋桨的角度观察，可以认为流场是近似稳态的。当边界上的流动区域几乎近似均匀混合时，使用旋转坐标系求解比较适宜。在这样的相对坐标系下，以稳态 N-S 方程为控制方程的流场求解方法称为旋转坐标系求解方法。

在单独的螺旋桨性能评估中，通常将整个计算域分为内、外两个子区域，每个子区域有自己的运动方式。外场为静止区域，内场为旋转区域。如图 4-14 所示，包括螺旋桨在内的被虚线包围的是旋转区域，虚线以外为静止区域。两个区域重合的部分称为交界面（interface），两者之间的流场信息通过交界面进行传递。流场控制方程在两个区域分别求解，在交界面上通过将速度换算成绝对速度的形式进行各子区域流场信息的交换。

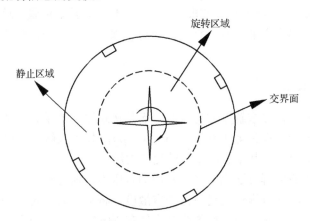

图 4-14　旋转坐标系示意图

目前的交界面技术适用于交界面两侧网格不同的情况，保证通过交界面的质量、动量、能量、标量等守恒，适用于可压缩流动、亚音速流动、跨音速流动和超音速流动，并且能处理各种湍流模型、多项流、反应等。

需要注意，当螺旋桨附近的流场不能简化成轴对称的形式时（如螺旋桨前/后的整流罩或机身不能简化成旋成体时），计算就不能按稳态进行，需要以非定常方法求解旋转域流场，同时结合旋转域网格的旋转，其实质是改变旋转域在交界面处的边界条件。

4.3.5　N-S 方程的数值求解方法

N-S 方程的数值求解是一件复杂的事情，方程的形式、边界条件和湍流模型的选择有非常多的选项，并且对于每一类给定问题的求解都需要做大量的确认工作。

流场求解计算的本质是求解离散方程组。离散方程组的求解方法可分为耦合求解法和分离求解法。

1. 耦合求解法

耦合求解法最大的特点为联立求解离散方程组，以获得各变量值（u、v、w、p）。求解过程：①假定初始压力和速度，确定离散方程组的系数及常数项。②联立求解连续方程、动量方程、能量方程。③求解湍流方程及其他方程。④判断当前时间步上的计算是否收敛，若不收敛，返回到②，进行迭代计算；若收敛，重复上述步骤，计算下一时间步的各物理量值（这里的时间步指求解的时间步，不是物理的时间步）。

耦合求解法又可以分为隐式求解法（所有变量整场联立求解）、显隐式求解法（部分变量整场联立求解）和显式求解法。当流体的密度、能量、动量存在相互依赖关系时，采用耦合求解法具有很大的优势。耦合求解法中，隐式求解法应用比较普遍。

2. 分离求解法

分离求解法不直接求解联立方程组，而是按顺序逐个求解各变量的离散方程组。根据是否直接求解原始变量（u、v、w、p），分离求解法又可以分为原始变量法和非原始变量法，其中原始变量法比较常用。

原始变量法的求解方法比较多，常用的有压力泊松方程法、人工压缩法和压力修正法。压力泊松方程法通过对方程取散度，将动量方程转变为泊松方程，然后对泊松方程进行求解。与这种方法对应的有 MAC 方法和分布法。人工压缩法主要受可压缩气体能通过联立求解速度分量与密度方法的启发，引入人工压缩性和人工状态方程，以此对不可压流体的连续性方程进行修正，并引入人工密度项，将连续方程转化为求解人工密度的基本方程。但是，这种方法要求时间步长必须很小，因而限制了它的应用范围。

目前，工程上使用最广泛的流场求解方法为压力修正法。压力修正法的实质是迭代法，即在每一个时间步长的运算中，首先给出压力场的初始值，据此求出速度场；其次求解根据连续方程导出的压力修正方程；最后对假设的压力场和速度场进行修正。如此循环往复，以求得压力场和速度场的收敛解。

压力修正法又有多种实现方式，其中压力耦合方程组的半隐式算法（semi-implicit method for pressure linked equations，SIMPLE）应用最为广泛，也是各种计算流体力学（computational fluid dynamics，CFD）软件普遍采用的算法。在该算法中，首先假设一个压力场求解动量方程，得到速度场；其次求解通过连续性方程所建立的压力修正方程，得到压力的修正值；再次利用压力修正值更新速度场和压力场；最后检查结果是否收敛，若不收敛，以得到的压力场作为新假设的压力场，重复该过程。为了启动该迭代过程，需要假设初始的压力场与速度场。随着迭代的进行，所得到的压力场与速度场逐渐逼近真解。

螺旋桨性能的数值模拟是获取螺旋桨空气动力学性能的有效方法之一。采用固联在螺旋桨上的旋转坐标系，可以将非定常的流动简化描述为准定常的形式，方便计算和分析。涡格法可以快速得到螺旋桨的基本性能，改进的涡格法还可以得到螺旋桨的表面压力分布，为改进设计和噪声特性快速分析提供基础数据。采用求解三维 N-S 方程的方法可以更精细地研究螺旋桨的空气动力学性能，适用的工况范围也更广。在工程应用领域，选用该方法可以完成大多数螺旋桨空气动力学性能分析的工作。随着计算机计算能力的提升和计算方法的进步，基于大涡模拟和直接数值模拟方法的螺旋桨数值计算逐渐被重视，有兴趣的读者可以查阅相关文献。

第 5 章　无人机螺旋桨优化设计

采用 Betz 条件等进行螺旋桨直接设计的方法，通常可以得到初步可用的螺旋桨气动外形方案，但是初步方案可能存在外形曲线不光顺、弦长和安装角分布在结构上不合理等不足。同时气动性能往往也不是最优，所以大多数情况下还需要采用优化设计方法对螺旋桨外形进行优化，以得到合理的外形和最佳的气动性能。

5.1　螺旋桨优化设计方法简介

优化设计方法是指采用最优化数值计算和计算机技术，获得工程问题最优化设计方案的方法。优化设计方法按无人机螺旋桨优化设计的层次可分为总体方案优化和设计参数优化。总体方案优化是指在无人机总体布局与发动机选取后，对于螺旋桨直径与转速等螺旋桨总体参数的优化设计。设计参数优化则是在总体方案选定后，对螺旋桨具体设计参数（翼型选取、桨叶数、平面形状、安装角分布等）的优化设计。本章主要介绍螺旋桨设计参数优化问题。

1. 优化设计中的三个要素

优化设计有如下三个要素。

1）设计变量

设计变量指在优化设计过程中需要调整和优选的参数。在螺旋桨设计中，设计变量通常有螺旋桨各剖面翼型、平面形状和安装角分布等。

2）设计目标

设计目标是指在优化设计中用来评价设计方案优劣的标准。在螺旋桨设计中，设计目标一般包括气动效率、质量、噪声、振动特性等。

3）约束条件

约束条件是设计变量或性能指标必须满足的条件。对于螺旋桨的优化设计，约束条件可分为边界约束和性能约束。边界约束包括螺旋桨剖面弦长、翼型相对厚度、剖面安装角分布的合理性等。性能约束主要包括推力、功率等。

在实际的工程设计中，上述三个要素的具体内容经常会发生转化。例如，在方案的初期，螺旋桨的气动效率可能是设计目标，推力和功率性能是约束条件。

但是，随着方案的推进和细化，螺旋桨的功率性能是否符合发动机的要求有时会成为设计目标，而推力和气动效率则成了约束条件。

2. 优化设计的三个阶段

优化设计通常包括以下三个阶段。

1）建立适用的数学模型

将实际设计问题用数学模型的形式予以全面、准确地描述，其中包括：确定设计变量，即哪些设计参数参与优选；构造目标函数，即确定能够评价设计方案优劣的指标；选择约束函数，即把设计应满足的各类条件以等式或不等式的形式表达。建立数学模型要做到准确、齐全，即必须严格地按照各种规范做出相应的数学描述，把设计中应考虑的各种因素全部包括进去，这对于最终优化设计的效果至关重要。

2）选择寻优的方法

若可以构造出显式的设计参数对目标函数影响的函数关系式，则根据数学模型的函数性态、设计精度要求等选择适用的寻优方法，并编制出相应的计算机程序。但是，在螺旋桨空气动力学设计领域，往往构造不出显式的函数关系式。通常需要通过求解流场或建立代理模型评价设计参数变化对目标函数的影响，这种情况下会对寻优方法提出更高的要求。下文选用两个典型例子进行介绍。

3）实际的优化操作及评价

将选定的数学模型和寻优方法编制成程序，连同相关数据录入计算机进行运算，求出最优值。然后对计算结果做出综合分析判断，最终确定设计问题的最优方案。

3. 参数化方法

在空气动力学优化设计中，参数化是指用有限参数描述一个特定的外形。例如，在螺旋桨气动外形参数化时，输入一组参数，就可以描述一个特定的螺旋桨气动外形。举一个最简单的例子。如图 5-1 所示，当螺旋桨半径、剖面翼型和剖面旋转点确定以后，可采用 30%、70% 和 100% 相对半径处的弦长和安装角，应用样条过渡的方法确定一个特定的螺旋桨外形。这样，用 6 个参数就描述了一个螺旋桨的气动外形。

一个好的参数化方法应该至少满足三方面的要求：①采用尽量少的参数；②尽量准确地描述一个特定的外形；③作为设计变量的参数，应能够提供足够宽广的设计空间，即随着参数变化，能够确定足够多的外形。

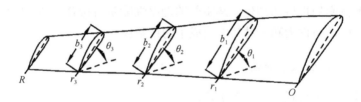

图 5-1　参数化外形

参数化的方法很多，目前应用比较广泛的有 Hicks-Henne 方法、参数化截面（parametric section，PARSEC）方法、类函数/型函数变换（class function/shape function transformation，CST）方法、自由变形（free form deformation，FFD）技术和样条拟合方法等。下面简要介绍非均匀有理 B 样条（non-uniform rational B-splines，NURBS）参数化方法。

1975 年，美国 Syracuse 大学的 Versprille 首先提出了 B 样条方法[10]，紧接着 Piegl 和 Tiller[11]发展出了非均匀有理 B 样条参数化方法。

NURBS 曲线定义为

$$C(u) = \sum_{i=0}^{n} R_{i,p}(u) P_i \tag{5-1}$$

$$R_{i,p}(u) = \frac{N_{i,p}(u)\omega_i P_i}{\sum_{i=0}^{n} N_{i,p}(u)\omega_i} \tag{5-2}$$

式中，P_i 为控制点；n 为控制点的个数；p 为样条阶数；$R_{i,p}(u)$为有理基函数；ω_i 为权重因子；$N_{i,p}(u)$为节点矢量 U 上的 p 次 B 样条基函数，即

$$N_{i,0}(u) = \begin{cases} 1, & u_i \leqslant u \leqslant u_{i+1} \\ 0, & \text{其他} \end{cases} \tag{5-3}$$

$$N_{i,p}(u) = \frac{u - u_i}{u_{i+p} - u_i} N_{i,p-1}(u) + \frac{u_{i+p+1} - u}{u_{i+p+1} - u_{i+1}} N_{i+1,p-1}(u) \tag{5-4}$$

NURBS 参数化方法的重要特征是仿射不变性、变差减少性和局部修改性，在螺旋桨气动外形的优化设计中很实用。

5.2　基于遗传算法的优化设计

由于本书不是专门介绍螺旋桨优化设计方法的，因此从实用角度出发，本节和 5.3 节介绍两种典型优化设计方法的基本思路，供读者研究螺旋桨优化设计方法时参考。

5.2.1　遗传算法

1. 基本的遗传算法

遗传算法（genetic algorithm，GA）是各种优化算法中应用非常广泛的一种。它是一种仿生算法，最早由美国 Michigan 大学的 Holland 教授及其同事、学生提出。在优化设计和风洞试验研究中推荐使用该方法[12-13]。

基本的遗传算法（或称标准的遗传算法）由初始化、选择、交换和变异四个部分组成，其基本流程图如图 5-2 所示。

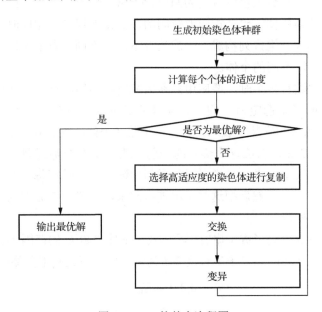

图 5-2　GA 的基本流程图

先把待寻优的参数或变量表示成"染色体"（即个体，一般用二进制码串表示）。染色体中的基因（位）是最基本的单位，常用一个二进制码串表示。有遗传特性的基因串，称为基因型（通常代表某个参数的取值），染色体由这些基因型组成。每个染色体代表的生物体的性状（即搜索空间的参数或解）称为染色体的表现型。

在遗传算法寻优过程中，要进行两个基本的数据转换操作：一个是从表现型到基因型的转换，此过程称为编码（coding）；另一个是从基因型到表现型的转换，此过程称为译码（decoding）。

每一个染色体有相应的适应度（fitness），表示该染色体生存与复制（reproduction）的能力，适应度 f_i 越大的染色体，复制下一代的种群数（染色体/个体）越多（表示"适者生存"）。在下一代染色体种群中，还要进行基因型之间的交换（crossover，又称杂交），并在某个基因型的某个或某几个位置上进行代码的突变（mutation，又称变异）。这样就得到交换和变异以后的下一代染色体种群。复制、交换和突变算子总称为遗传算子。

经过遗传算子运算后得到新一代染色体种群中的个体再进行适应度计算，若收敛于最优解，遗传计算便结束，输出最优解；否则，继续复制、交换和突变，再进行适应度计算，直到求得最优解为止。

2. 编码技术

这里以一维多参数染色体编码为例进行介绍。

一维多参数染色体编码是指问题空间的参数转换到 GA 空间时，其相应的染色体由许多位基因一维排列构成。一般情况下，在不同位置取不同值就得到不同的字符串，即表示不同的个体。

当优化的参数有多个时，要应用多参数编码。例如，有一个 2 叶螺旋桨，当各半径处的剖面翼型选定后，假设该桨叶外形可以由相对半径为 30%、75% 和 100% 处叶素的弦长和安装角表示，这样一个桨（个体，或对应一个染色体）需由 6 个参数描述。那么，对应这个桨叶的染色体就需要 6 个基因型，即 6 个编码子串（简称子串）表示。也就是说，对此类问题编码时，是把每一个参数都进行编码，共得到 6 个子串。然后把这些子串连接起来，形成一个完整的染色体，代表一个特定的桨叶外形。

在对每个参数编码形成子串时，具体做法是使参数 U 的范围 $[U_{min}, U_{max}]$ 落在子串的最大值与 0 之间。以子串长度 $l=3$ 为例，便有下列映射关系：

$$0\,0\,0 \rightarrow U_{min}$$
$$\vdots$$
$$1\,1\,1 \rightarrow U_{max}$$

因此，任何参数 U 对应的二进制编码的数值 u 为

$$u = \frac{U - U_{min}}{U_{max} - U_{min}}(2^l - 1) \tag{5-5}$$

定义编码精度 Π：

$$\Pi = \frac{U_{max} - U_{min}}{2^l - 1} \tag{5-6}$$

由式（5-6）可知，子串长度越长，编码精度越高。

以上述桨叶外形为例进行说明。假设一个染色体（代表一个螺旋桨外形）包

含 6 个子串（一个子串代表桨叶外形的一个参数），若各子串长度 l 均为 3，即每个子串由 3 位二进制码构成，则完整的染色体为一个 18 位二进制码串。该染色体对应于螺旋桨三个站位处叶素的弦长和安装角，共 6 个参数。

一般而言，在多参数编码中，各子串的长度可以相同，也可以不相同。类似地，各子串对应的参数范围 $[U_{min}, U_{max}]$ 可以相同，也可以不同。

3. 群体设定

遗传算法是一种群体寻优的算法。在编码方法决定后，就要设定初始群体，即给定初始时群体的大小，也就是个体的数目。其次在每次进化计算后，如何决定各代群体哪些个体是优秀的个体要保留到后代中，哪些个体在遗传操作后改变了亲代的基因而产生新的子代等问题，是进化过程中的群体设定问题。下面主要以初始群体的设定方法为例进行介绍。

初始群体的大小，即群体的规模，对遗传算法的影响很大。从群体的多样性和全局优化的观点出发，群体规模应较大。但群体规模过大，使适应度评估次数增加，计算量增加，从而影响寻优效率。一方面，当群体规模很大时，由于个体生存概率的计算采用和适应度成比例的算法，这样就会产生许多低概率的个体而遭淘汰，少数适应度高的个体被选择而生存下来，结果会影响配对库的形成。另一方面，若群体规模太小，会使搜索空间中的分布范围过小，搜索过早停止，引起未成熟收敛（premature convergence）现象。一般群体规模 n 为几十至几百。

确定了群体规模 n 后，在选定具体的个体时，可以采用以下方法：

（1）随机法。例如，编码采用二进制码，染色体由 m 个 l 位二进制码的子串串联而成。此时可以选 l 个硬币，分别代表 l 位基因，抛掷这 l 个硬币，就得到一个子串的基因串。进行 m 次操作，可以得到一个染色体的完整基因串，即得到一个个体。对上述过程重复 n 次，就得到了包含 n 个个体的群体。

（2）逐步完善法。先随机生成一定数目的个体，然后从中挑出最好的个体加到初始群体中。这个过程不断迭代，直到群体的个数达到了预先确定的群体规模。

4. 适应度函数

在遗传算法中，对适应度函数的限制较少，它可以不是连续可微函数，其定义域为任意集合。由于要用适应度函数计算生存概率，而概率又是正值，因此对适应度函数的唯一要求是它的值必须为非负值。

适应度函数由目标函数求得，为了保证适应度函数是非负值函数，可以采用以下 3 种方法。

1）最大系数法

在最小值问题中，与代价函数 $g(x)$ 对应的适应度函数 $f(x)$ 为

$$f(x) = \begin{cases} c_{\max} - g(x), & g(x) < c_{\max} \\ 0, & 其他 \end{cases} \tag{5-7}$$

式中，$c_{\max}$ 为最大系数，可以是迄今为止进化过程中 $g(x)$ 的最大值或当前群体中 $g(x)$ 的最大值，也可以是前 k 代群体中 $g(x)$ 的最大值。$c_{\max}$ 最好与群体无关。

2）最小系数法

在最大值问题中，与效能函数 $u(x)$ 对应的适应度函数 $f(x)$ 为

$$f(x) = \begin{cases} u(x) + c_{\min}, & u(x) + c_{\min} > 0 \\ 0, & 其他 \end{cases} \tag{5-8}$$

式中，$c_{\min}$ 为最小系数，可以是当前群体中或前 k 代群体中 $u(x)$ 的最小值，也可以是群体方差的函数。

3）相对系数法

无论哪一类问题，都以群体中的目标函数 $d(x)$ 的相对值作为适应度函数值。

对于最大值问题有

$$f(x) = \frac{d(x) - d(x)_{\min}}{d(x)_{\max} - d(x)_{\min}} \tag{5-9}$$

对于最小值问题有

$$f(x) = \frac{d(x)_{\max} - d(x)}{d(x)_{\max} - d(x)_{\min}} \tag{5-10}$$

式（5-9）和式（5-10）中，$d(x)_{\max}$ 和 $d(x)_{\min}$ 分别是当前群体中或前 k 代群体中目标函数 $d(x)$ 的最大值和最小值。

5. 复制

复制又称选择或再生（reproduction），是以个体适应度的计算为基础，把优化的个体直接遗传到下一代或通过配对交换产生新的个体再遗传到下一代。目前常用的方法有以下几种。

1）适应度比例法

适应度比例法（fitness proportional model）是目前最常用的方法，也称赌轮法或蒙特卡罗（Monte Carlo）法。该方法的基本原则是个体被选择的概率与其适应度成正比。

设群体规模为 n，个体 i 的适应度为 f_i，则 i 被选择的概率 p_i 为

$$p_i = \frac{f_i}{\sum_{j=1}^{n} f_j} \qquad (5\text{-}11)$$

计算每个个体被选择的概率后，在决定哪些个体被选出时，可以用赌轮法（图 5-3）进行选择。把每个个体按其概率 p_i 在转轮上划分成扇形区域，使转轮随机转动，转轮停止时，指针所指的扇形区域，就表示其相应的个体被选中。转轮转动 n 次，个体 i 被指定几次，就意味着被选中几次。若转动 n 次后，个体 i 一次也没有被指到，就意味着该个体应被淘汰。图 5-3 表示一个有 14 个个体的赌轮法，该赌轮转动 14 次，各扇形被指针指到的次数，就是对应个体被选中的次数。

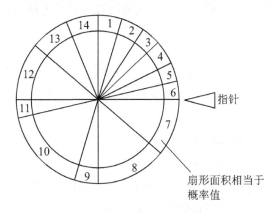

图 5-3　使用赌轮法决定被选择的个体

2）最佳个体保存法

最佳个体保存法（elitist model）中，群体中适应度最高的个体不进行配对交换，而直接复制到下一代中，此种操作又称拷贝（copy）。

这种选择方法的优点是进化过程中某一代的最优解可不被交换和突变操作破坏，但也使获得局部最优解的可能性增加。也就是说，该方法牺牲了全局搜索能力，但加快了全局搜索速度。此法比较适合求解单峰性质的搜索问题，多峰性质的搜索问题要与其他选择方法结合使用。

3）期望值方法

采用赌轮法时，可能会产生随机误差，即适应度高的个体也可能被淘汰，适应度低的个体也可能被选中。特别在群体数较大时这种误差更易发生，因为每个个体被选中的概率 p_i 都较小。为了克服这种误差，可采用期望值模型（expected value model）。

首先，计算适应度的期望值 $\bar{f}_i$：

$$\bar{f}_i = \frac{1}{n} \sum_{i=1}^{n} f_i \qquad (5\text{-}12)$$

其次，计算群体中每个个体在下一代生存的期望数：

$$\bar{R} = \frac{f_i}{\bar{f}_i} \qquad (5\text{-}13)$$

最后，按四舍五入的原则将 $\bar{R}_i$ 圆整为整数 R_i，即个体 i 被选中的个数（拷贝的个数）。若 R_i=0（即 $\bar{R} < 0.5$），则个体 i 被淘汰。

以上介绍的是目前常用的几种复制方法。每种方法对遗传算法性能的影响各不相同。在具体使用时，应根据实际情况采用较合适的方法或者结合使用。

6. 交换

交换操作的目的是使前一代个体的优秀性能在后一代新个体中尽可能地得到遗传和继承。以下介绍两种基本的交换操作（都以二进制编码为例）。

1）一点交换

一点交换（one-point crossover）又称简单交换，具体操作是在两个个体码串中随机设定一个交换点，实行交换：

$$\text{配对个体}\begin{cases}\text{个体}A: 1010|1101 \rightarrow 10100100 & \text{新个体}A' \\ \text{个体}B: 0101|0100 \rightarrow 01011101 & \text{新个体}B'\end{cases}$$

在上例中，交换点设置在第 4 和第 5 基因位之间，选择交换点后两个个体的部分码串互相交换（也可以选择交换点前的部分码串相互交换），生成新个体 A' 和 B'。一般取交换概率 P=25%，即在平均水平上有 25%的染色体进行交换操作。

2）二点交换

二点交换（two-point crossover）中，随机设定两个交换点，在两个交换点之间的码串相互交换，其余码串保持不变。二点交换举例如下：

$$\text{配对个体}\begin{cases}\text{个体}A: 01|1001|10 \rightarrow 01001110 & \text{新个体}A' \\ \text{个体}B: 10|0011|00 \rightarrow 10100100 & \text{新个体}B'\end{cases}$$

在上例中，两个交换点分别设置在第 2、第 3 基因位和第 6、第 7 基因位之间。A、B 两个个体在这两个交换点之间的码串相互交换，分别生成新个体 A' 和 B'。

对二点交换而言，若染色体长度为 n 位，则可能有 $(n-2)(n-3)$ 种交换点的设置方案，相应地可能有 $(n-2)(n-3)$ 种不同的交换结果。

以上仅讨论了交换的基本方法，交换操作对遗传算法的性能及收敛性影响很大，但遗憾的是，关于这方面的内容至今仍无系统而全面的论述。但是，交换操作有很大的实用性，许多用一般搜索算法很难收敛的问题，对于基于交换操作的遗传算法而言，反而是收敛很快的简单问题。

7. 突变

在自然界中，生物体可能发生某些基因的突变而产生新的个体。同样，在遗传算法中，某些基因位上的基因值可能发生改变。以二进制编码为例，基因值在变异时取反，即 $1 \rightarrow 0$ 或 $0 \rightarrow 1$。

引入突变操作的目的有两个：一是使遗传算法具有局部的随机搜索能力。当遗传算子在接近最优解时，利用突变操作的局部随机搜索能力，加速向最优解收敛。二是使遗传算法维持群体的多样性。特别是在进化过程中，搜索落入某个局部范围而不能摆脱时，通过突变操作能够跳出局部最优解。显然，当搜索已接近最优解时，若过多地进行变异，也会使最优解的搜索遭到破坏。一般突变操作概率应取较小值。

在遗传算法中，交换操作主要用来增强全局搜索能力，而突变操作则主要用来增强局部随机搜索能力，这两种操作要配合使用。以下介绍常用的突变操作。

1）基本突变操作

基本突变操作的基本方法是随机地挑选一个或多个个体，使其中一个或多个基因位的基因值发生改变。图 5-4 是一个基本突变操作的例子。

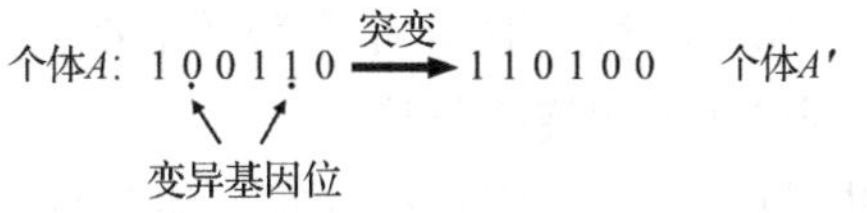

个体A: 1 0 0 1 1 0 ——突变—→ 1 1 0 1 0 0   个体A′

变异基因位

图 5-4 基本突变操作示意图

2）逆转操作

逆转操作的基本方法是在个体二进制码串中随机挑选两个逆转点，在两个逆转点之间，将其基因值以逆转概率 p_i 进行逆向排列。二进制码串的逆转操作如图 5-5 所示。

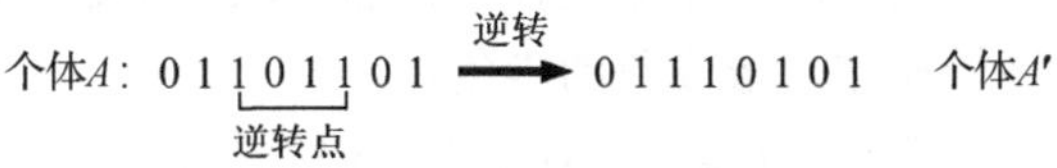

个体A: 0 1 1 0 1 1 0 1 ——逆转—→ 0 1 1 1 0 1 0 1   个体A′

逆转点

图 5-5 逆转操作示意图

由图 5-5 可见，两个逆转点之间的码串 1011 经逆转操作后变成了 1101。

上述这种逆转操作等效为一种突变操作，但逆转操作的真正目的并不在于突变，而是为了实现重新排序。

5.2.2 基于涡格法的遗传算法寻优

鉴于螺旋桨气动外形与性能关系的复杂性，很难建立一个完善的外形参数与性能的直接函数关系式开展寻优操作。在大量计算螺旋桨个体性能的过程中，需要快速、准确的螺旋桨性能计算方法。在螺旋桨优化设计的初始阶段，本书强烈推荐基于涡格法的遗传算法寻优。

下面举一个简单的例子对优化过程进行简要介绍。

假设可以用相对半径 30%、75% 和 100% 处的叶素弦长和安装角描述一个螺旋桨外形，且各剖面都以翼型 30% 弦向位置作为旋转点。螺旋桨其他位置的叶素弦长、剖面形状由样条过渡方法确定。已知各剖面的翼型及性能数据。

第一步：建立数学模型。

约束条件：推力 $\geq T_{\min}$。

目标函数：$F=\max(效率)$。

第二步：确定编码方法。

取各子串长度 l 均为 3，即每个外形参数（弦长或安装角）由 3 位二进制码表示。若一个染色体包含 6 个子串（分别代表桨叶的 6 个外形参数），则对应于 3 个站位处叶素弦长和安装角的 6 个外形参数由一个 18 位的二进制码串染色体表示。每个参数都有 $2^3-1=7$ 个取值。

第三步：生成初始群体并计算适应度。

取初始群体规模 $n=20$。随机选取 6 个参数的取值，形成一个螺旋桨个体/染色体。重复操作，可确定 20 个螺旋桨外形。

采用改进的涡格法对这 20 个外形进行计算，得到每个螺旋桨的性能。

第四步：进行遗传算法操作，生成新一代种群。

（1）复制操作。取复制率为 50%，把满足约束条件的个体挑选出来，即把空气动力学效率最高的 10 个个体放入下一代。

（2）交换操作。随机对剩下的 10 个染色体（10 个螺旋桨方案）中的 3 个染色体随机位置处的基因进行交换操作，形成 3 个新的染色体。

（3）突变操作。在剩下的 7 个染色体中，随机取 1 个染色体，对其 2 个随机位置处的基因进行逆转操作，形成新的染色体。

这样，在第二代种群中形成 20 个染色体。对第二代种群中的染色体进行译码工作，得到 20 个螺旋桨外形，再进行性能评估的数值计算。

继续重复操作，直到 20 个个体的效用函数都为最大值时，停止计算。进行译码，挑选出合适的螺旋桨外形。

寻优工作结束。

5.3　基于代理模型的遗传算法寻优

代理模型方法是目前螺旋桨优化设计中常用的方法，为了便于读者进一步深入研究螺旋桨的优化设计，本节简要介绍基于代理模型的优化设计思路，而对相关优化设计方法不做展开讨论。

1. 代理模型方法

在优化寻优的过程中，如果每次都进行基于 N-S 方程求解螺旋桨性能的三维计算，甚至风洞试验，是非常不经济和不现实的。为了解决这样的矛盾，发展出了代理模型方法。代理模型（surrogate model）是指用计算量小、计算结果与高精度分析模型计算结果近似的分析模型。在优化设计过程中，可用代理模型替代原有的高精度分析模型，从而解决计算量过大的问题。代理模型方法为解决数值分析模型的快速响应问题提供了一种有效的方法。

通常，构造代理模型有 3 个步骤：

（1）选择设计变量的样本点。现代优化设计中，选择设计变量样本点时主要采用试验设计法。常用的方法有全因子试验设计方法、中心组合试验设计方法及更适合计算机模拟取样的均匀试验设计方法等。

（2）采用高精度分析模型对样本点进行分析，获得性能评估数据。

（3）选择某种拟合方法对步骤（2）得出的数据进行拟合，构造出设计变量与性能评估结果近似的分析模型——代理模型。理论上，还应对构造的近似分析模型进行可信度评估。常用的构造近似模型的方法有多项式响应面法、人工神经网络、径向基函数和 Kriging 代理模型等。

2. 均匀试验设计方法

试验因素是试验设计者希望考察的试验条件。试验因素的具体取值称为因素水平。试验设计方法是指将试验因素和因素水平合理安排，并对试验结果进行有效分析的方法。试验设计方法的目的是用较少的人力、物力和时间，最大程度地获得丰富而可靠的资料。试验设计方法的本质是在试验范围内给出挑选代表性试验点的方法。

在优化设计中，为了构造能预测设计参数与设计性能关系的代理模型，采用试验设计方法对设计参数样本进行合理安排是非常必要的。

均匀试验设计方法是通过一套精心设计的表格进行试验设计的方法。它的特点是试验点在试验范围内均匀散布，以求通过最少的试验获得最多的信息。均匀试验设计方法保证试验点具有均匀分布的统计特性，它使每个因素的每个水平做一次且只做一次试验。均匀试验设计方法特别适合多因素、多水平的试验。实际工作中可直接选用构造好的均匀设计表[14]。

3. Kriging 代理模型

在代理模型中，线性模型

$$y = \beta_1 f_1(x) + \beta_2 f_2(x) + \cdots + \beta_m f_m(x) \tag{5-14}$$

是最常用的近似模型。式中，$f_1, f_2, \cdots, f_m$ 为已知，$\beta_1, \beta_2, \cdots, \beta_m$ 为未知，是在构造模型过程中需要确定的量。Kriging 代理模型是在式（5-14）的基础上加一项平稳高斯过程 $z(x)$，使得

$$y = \sum_{i=1}^{m} \beta_i f_i(x_1, x_2, \cdots, x_s) + z(x_1, x_2, \cdots, x_s) \tag{5-15}$$

在样本点 $(x_1, x_2, \cdots, x_s)$ 上的真值与估计值相等。这样，在构造模型的过程中，除了要确定 $\beta_1, \beta_2, \cdots, \beta_m$ 外，还需确定高斯过程 $z(x_1, x_2, \cdots, x_s)$ 中的未知参数 $\theta_1, \theta_2, \cdots, \theta_i, \sigma^2$ 等。

令未知点 x_0 处的目标函数 $y(x_0)$ 的预估值为 $\hat{y}(x_0)$，则

$$\hat{y}(x_0) = \hat{\beta} + r^{\mathrm{T}}(x) \cdot R^{-1} \cdot (Y - \hat{\beta}I) \tag{5-16}$$

式中，I 为单位列向量；R 为相关矩阵，$R = R(x^{(i)}, x^{(j)})$；r 为点 x_0 与样本点的相关矢量；$r = [R(x^{(1)}, x_0), \cdots, R(x^{(s)}, x_0)]^{\mathrm{T}}$；$\hat{\beta} = (I^{\mathrm{T}} \cdot R^{-1} \cdot I)^{-1} \cdot I^{\mathrm{T}} \cdot R^{-1} \cdot Y$。$\hat{\sigma}^2 = \frac{1}{S}(Y - \hat{\beta}I)^{\mathrm{T}} \cdot R^{-1} \cdot (Y - \hat{\beta}I)$，$\hat{\sigma}^2$ 为 σ^2 的估计，为预测值的标准差。

通过求解超参数 θ_k 最大似然估计即可构造出一个 Kriging 代理模型。

4. 基于 Kriging 代理模型的遗传算法寻优

在螺旋桨优化设计的后期，可通过基于 Kriging 代理模型的遗传算法进行最后阶段的寻优[15]。具体的操作可参考如下步骤：

（1）确定螺旋桨优化中可用的剖面个数及各剖面弦长和安装角的寻优范围；

（2）由均匀试验设计方法确定具体的因素水平，形成寻优样本点；

（3）逐一计算样本点的气动性能；

（4）基于样本点的气动性能建立并评价 Kriging 代理模型；

（5）采用遗传算法，选择初始种群，通过 Kriging 代理模型，求各初始方案的适应度函数，再进行遗传操作，直至寻到最优方案。

应该说，代理模型及寻优方法的选择不是唯一的，可根据设计者的特长和资源具体确定。另外，由于螺旋桨优化设计明显属于多目标优化，优化目标的确定要综合多方面的考虑。

本章介绍了螺旋桨优化设计中涉及的基本概念，并选择了两个简单有效的方法进行了举例说明。对于优化方法中涉及更深入的知识和技能，有兴趣的读者可以参考专门的文献资料。

第 6 章　螺旋桨的风洞试验

螺旋桨空气动力学性能的风洞试验是指在风洞中按照螺旋桨空气动力学相似理论和风洞试验相关规范，对螺旋桨的空气动力学性能进行测试的风洞试验项目。因为是真实的物理模拟，尽管存在洞壁干扰、缩比模型雷诺数和马赫数不能同时模拟等不利因素，螺旋桨的风洞试验仍然是不可或缺的。由于成本和研制周期的限制，通常在螺旋桨研制的最后阶段用风洞试验检验设计或修正数值模拟的结果。

6.1　螺旋桨风洞试验的分类

通常，按照螺旋桨研制过程的先后顺序划分，在风洞中进行的螺旋桨性能试验是：①单独螺旋桨性能试验，如图 6-1 所示；②无人机带螺旋桨的试验，如图 6-2 所示；③无人机、发动机和螺旋桨的匹配试验，如图 6-3 所示。

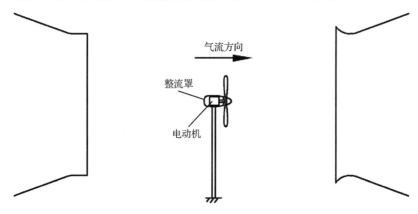

图 6-1　单独螺旋桨性能试验原理图

单独螺旋桨性能试验是指在理想设计条件下（实际常指采用旋成体整流罩代替机身的情形）进行的螺旋桨性能试验。驱动螺旋桨的动力装置一般采用电动机。

无人机带螺旋桨试验是指在实际飞机模型的干扰下进行的螺旋桨性能试验，驱动装置仍采用电动机，主要关注机身对螺旋桨性能的影响。若螺旋桨与无人机非常接近，如间距小于 20mm，则需要特别重视。这时不能简单地取机身端面为封闭平面，应尽量模拟机身后端的通气情况，否则会得到非常不合理的结果。

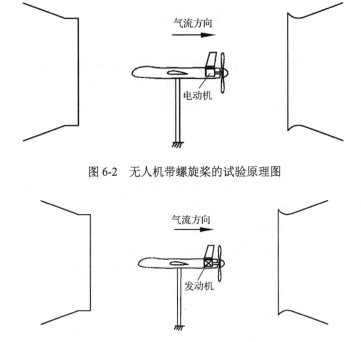

图 6-2　无人机带螺旋桨的试验原理图

图 6-3　无人机、发动机和螺旋桨的匹配试验原理图

无人机带发动机条件下的螺旋桨试验是指真实无人机外形带着真实发动机的螺旋桨性能试验。该试验主要关注螺旋桨与发动机的匹配情况。

上述三种类型风洞试验的重点和意义不同。单独螺旋桨性能试验研究的重点是螺旋桨在理想设计条件下的气动特性。一般在设计时，为了减少设计和数值计算的工作量，通常采用旋成体整流罩代替发动机短舱或机身。如果采用相同的旋成体整流罩进行试验，则与设计时的环境最接近，计算的确认工作相对较少，可以缩短试验结果分析的周期。无人机带螺旋桨的性能试验主要关心无人机或发动机短舱对螺旋桨性能的影响，以及螺旋桨与各邻近部件的最佳相对位置。通常采用电动机驱动，以避免过大的振动对测试结果带来的影响。为了真实反映螺旋桨的性能，通常在研制阶段末期进行无人机发动机与螺旋桨的匹配试验。其重点研究螺旋桨与真实发动机的匹配关系以及用试验的方法调整发动机的油门/气门特性，以保证动力系统正常发挥效能。尽管实际的研制工作中有种种现实情况的限制，这三个步骤常常不能完整进行。但是，鉴于螺旋桨研制工作的复杂性，各方面还应尽量努力，能够按照上述三个步骤的顺序及研究内容开展试验研究工作。

6.2　风洞试验的装置

本章重点以单独螺旋桨空气动力学性能试验（简称螺旋桨气动性能试验）为例，简要介绍风洞试验的装置与要求[16]。螺旋桨气动性能的风洞试验通常采用测力法进行。测力法是采用空气动力天平对螺旋桨气动性能进行测量的风洞试验方法。

6.2.1　空气动力天平简介

广义上，空气动力天平是在风洞中用以测量模型上气动力和力矩的传感器系统，不同于普通天平或衡力装置，它可以同时测量若干个力和力矩分量。空气动力天平是测力试验中最重要的测量装置之一。

空气动力天平的种类有很多。按所测分量的数目分类，空气动力天平可分为单分量天平和多分量天平。一般在螺旋桨风洞试验中常使用二分量天平、三分量天平和六分量天平。按测量原理分类，目前常见的空气动力天平主要有机械式天平和电阻应变片式天平两类。

机械式天平是应用静力学平衡原理测量空气动力的装置，主要用于低速风洞试验。机械式天平一般由四部分组成：模型支撑系统和模型姿态角机构；气动力和力矩的分解机构；力和力矩的传递系统；平衡测量元件、驾车与天平测量控制系统等。机械式天平按结构形式可分为塔式天平与台式天平两大类。机械式天平具有以下特点：

（1）可将作用在模型上的空气动力较好地分解成各个气动力分量，由每个平衡测量元件独立测量，因此具有很高的测量精度。

（2）通过调整可使各个空气动力分量之间的相互干扰降到最低程度，因此具有很高的测量准度。

（3）有较大的刚度，一般不需要对模型进行弹性角修正。

（4）有较宽的载荷测量范围，通过调整可以有很高的灵敏度。

（5）受环境影响小，有很好的稳定性。

（6）除测量空气动力外，还有支撑模型与改变模型姿态的功能。

（7）结构复杂，制造费用大，研制周期长[16]。

电阻应变片式天平以电阻应变片作为敏感元件测量模型的气动力和力矩。电阻应变片式天平的测量元件一般由弹性元件、电阻应变片、测量电路和电子放大器等组成。电阻应变片式天平按结构形式分类，主要分为杆式应变片式天平与盒式应变片式天平两大类。电阻应变片式天平与机械式天平相比有如下特点：

（1）质量轻，响应快。

（2）体积小，可放在模型腔内。不仅可测量作用在全模型上的空气动力，还可以测量作用在模型部件或外挂物模型上的空气动力。

（3）设计、加工简单，成本较低。

（4）适用于尾部支撑、腹部支撑、背部支撑等各种模型支撑方式，使用方便。

（5）有的特种应变天平还可进行动态测力。

机械式天平的体积一般比较大，有较宽的载荷测量范围、较好的稳定性和测量精度，但响应比较慢。电阻应变片式天平体积较小，响应快，通常比机械式天平的精度稍差一些。目前，电阻应变片式天平的应用更为广泛。

天平性能指标主要有分量数目、测量范围和量程、线性关系、干扰、灵敏度、零漂、温漂、回零性、精密度和准确度等。

线性关系一般指天平某分量的读数随外载荷变化的函数关系，越接近直线方程，则线性关系越好。线性关系好的天平给静校和试验数据处理都带来了方便。干扰是指天平某测量元件的读数受其他分量影响的程度。天平的灵敏度是指在某一分量单位外载荷作用下该分量测量元件读数变化的大小。零漂是指天平在零载荷情况下，预热 1 小时后的 30 分钟内各分量输出值的变化量。温漂是指天平在零载荷和使用环境温度下，每 10℃ 的温度变化引起的各分量输出变化量。回零性是指天平从零载荷开始，施加单分量递增载荷至设计量程，再从设计量程递减到零载荷，由此得到的零载荷点输出值的偏差。

天平校准是模拟天平的实际工作状态对天平进行标定，检查天平质量，鉴定天平的性能，得到准确的校准系数。天平校准分为静态校准和动态校准两种。天平静校需在专门的校准设备——校准台上进行。其主要目的是求得空气动力与测量元件输出量（或读数）之间的函数关系。通过静校还可以确定天平的线性关系、干扰大小、重复性、灵敏度等性能。另外，还可以鉴定天平的设计与加工质量、调整天平的校准中心、确定补偿电路等。天平静校按加载方式与数据处理方法的不同分为单元校准法和多元校准法。

天平动校是将标准模型装在静校合格的天平上进行风洞试验，以检验天平的动态特性及结构强度，测定天平的温度效应，并与已知的标准数据进行比较，从而对包括天平精密度和准确度在内的一系列性能进行鉴定。天平动校的内容包括冲击载荷试验、温度效应试验和标准模型试验。

6.2.2　试验装置

螺旋桨的空气动力性能中最主要的测量量是推力和扭矩（功率）。扭矩是指绕桨轴的扭矩，是考察螺旋桨设计优劣和是否与发动机匹配的重要参数。然而，螺旋桨扭矩的测量通常不容易。按照天平所处的位置，试验装置分为两种：桨轴通过天平校心的装置和桨轴不通过天平校心的装置。

1）桨轴通过天平校心的装置

测量螺旋桨扭矩最理想的装置是天平在螺旋桨旋转中心的装置，如图 6-4 和图 6-5 所示。原理上，天平在发动机前或发动机后都可以。

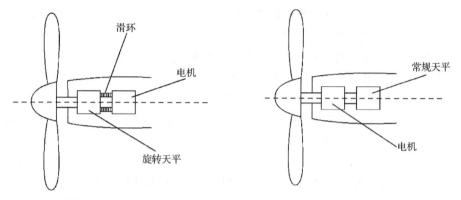

图 6-4　旋转天平　　　　　　　　　图 6-5　常规天平

装在发动机和螺旋桨之间的天平称为旋转天平。旋转天平是通过滑环把受力信号传出来的天平。一方面可以承受旋转，另一方面能够把力/力矩信号传递出来。它的关键问题是滑环的设计，既要接触良好，又要滑动顺畅，摩擦阻力小。这给旋转天平的设计与加工带来很大挑战。

装在机身和发动机之间的天平可以是常规天平。这时天平需要承受发动机和螺旋桨的重量，且两者的重心距天平中心比较远，载荷引起的天平变形和低头力矩会比较大，天平的受力不太合理，因此对天平的设计要求也比较高。测量中整个系统的振动也会对结果产生较大影响。

2）桨轴不通过天平校心的装置

天平不在转动中心（图 6-6）有很多优点。首先，避免了天平过大的载荷；其次，不用滑环等输出装置，使装置可靠性提高；最后，空间自由，可采用盒式应变片式天平，进一步增加了测试装置结构的合理性。

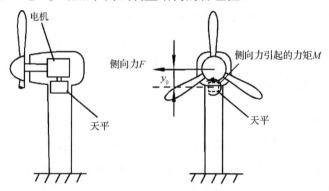

图 6-6　天平不在转动中心的装置

当然，这种装置的缺点也很明显，主要在于螺旋桨桨轴上存在的侧向力会对螺旋桨的力矩结果造成严重影响。理论上，如果螺旋桨桨轴正对来流，整个试验环境近似轴对称，不应该存在螺旋桨桨盘上的侧向力。然而，风洞试验装置的不对称、螺旋桨安装的少许偏差，都会在桨盘上产生侧向力。尽管这种侧向力通常不大，但是由于桨轴与天平中心有一定距离，从而对天平的力矩输出会有较大影响。通常需要按式（6-1）进行修正：

$$\begin{cases} M_x = M_{x0} - F_z \times y_0 \\ M_y = M_{y0} - F_z \times x_0 \\ M_z = M_{z0} - F_y \times x_0 - T \times y_0 \end{cases} \tag{6-1}$$

式中，x_0、y_0 分别为天平中心与桨盘中心的 x 向、y 向距离；T 为螺旋桨的拉力。

可以看出，力臂对于力矩修正的影响很大，所以测试中应准确测量该值。

6.3　风洞试验数据的修正

按照空气动力学相似理论，要保证风洞试验数据与实际飞行结果具有可比性，必须保证两者在物性条件、边界条件/初始条件、运动学、动力学、热力学等方面的条件相似。前已述及，假定在物性条件相似、初始条件相似、螺旋桨几何相似的情况下，螺旋桨空气动力学相似的条件有流场的外边界和螺旋桨附近的几何相似、前进比相等、相应的雷诺数和马赫数相等。

与实际飞行相比，风洞试验是在有限的流场中进行，流场的外边界与实际飞行不同。风洞试验中必须有支架和相应的整流罩，这样在螺旋桨附近的几何条件与实际飞行条件也有差异。大量的研究表明，螺旋桨气动性能风洞试验中最主要的修正项目是阻塞干扰修正。阻塞干扰修正包括固体阻塞修正和尾流阻塞修正。

若螺旋桨性能试验是在闭口试验段中进行，如图 6-7 所示。由于闭口试验段中存在电机整流罩和试验支撑装置等体积较大的固体，在风洞洞壁的限制下，就会存在固体阻塞现象。固体阻塞现象表现为气流流过模型附近时流速增大，气流静压降低，对于模型气动力的影响与来流速度增大类似。

由于阻力的作用，气流流过电机整流罩和试验支撑装置后形成的尾流能量会降低，流速下降；由于风洞固体洞壁的限制，没有气流可以穿过洞壁，所以尾流区外的流速增加，静压下降，形成顺流向的静压梯度，在螺旋桨的空气动力学方面表现为阻力有一定程度的增加，即由于尾流阻塞的影响，推力有所下降，一般需要进行尾流阻塞修正。假设滑流外的气流总压不变，滑流内的总压增量为（忽略气流旋转）

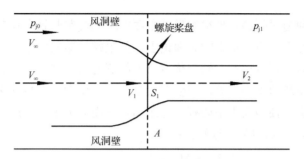

图 6-7　在闭口试验段中进行螺旋桨试验的流场

$$H_1 - H_0 = \frac{1}{2}\rho(V_1^2 - V_2^2) \tag{6-2}$$

另外，总压的增加等于桨盘后压力的增加，即

$$T/S = \frac{1}{2}\rho(V_1^2 - V_2^2) \tag{6-3}$$

$$T = \frac{1}{2}S\rho(V_1^2 - V_2^2) \tag{6-4}$$

整个流柱中的动量关系为

$$T - (p_{j1} - p_{j0})A = S_1\rho V_1(V_1 - V_\infty) - (A - S_1)\rho V_2(V_\infty - V_2) \tag{6-5}$$

式中，A 为风洞试验段横截面积。尾流中压力的增量为

$$p_{j1} - p_{j0} = \frac{1}{2}\rho(V_\infty^2 - V_2^2) \tag{6-6}$$

即螺旋桨桨盘后的压力比无限远场时的略大，其作用可以和螺旋桨处在一个比名义来流速度小的试验条件下的情形相比拟，这是螺旋桨尾流阻塞的主要原理。

尾流阻塞修正的基本公式：

$$V_c = V_u(1 + \varepsilon) \tag{6-7}$$

$$\varepsilon = \varepsilon_S + \varepsilon_T \tag{6-8}$$

式中，V_c 为修正后的来流速度；V_u 为未修正的来流速度。需说明，常规的尾流阻塞修正中，一般含有整流罩的尾流阻塞因子，在单独螺旋桨空气动力学性能试验中，整流罩的阻力通常不易测得。由于量值较小，工程上常常略去整流罩的尾流阻塞修正。其中，

$$\varepsilon_S = K\tau\frac{V}{A^{3/2}} \tag{6-9}$$

式中，V 是整流罩的体积；A 是风洞试验段横截面积；K 是与模型有关的形状系

数，具体数值可查专业的文献，对于常见的旋成体，K 大致可取 0.93；τ 是与模型、风洞都相关的系数，对于旋成体整流罩及圆形风洞，可取 0.8。

下面介绍螺旋桨的尾流阻塞修正公式。在低速实壁试验段做螺旋桨风洞试验，与一般模型试验最大的不同是，当螺旋桨产生拉力时，螺旋桨滑流速度大于没有螺旋桨时试验段的来流速度，使得滑流区外的流速降低。对于这种情形的数据修正称为滑流影响的修正，修正公式为

$$\varepsilon_T = \frac{\tau_1 \alpha_1}{2\sqrt{1 + 2\tau_1}} \qquad (6\text{-}10)$$

式中，$\tau_1 = \dfrac{T}{\rho S V_\infty^2}$，$T$ 为螺旋桨拉力；$\alpha_1 = S / A$，S 为螺旋桨桨盘面积，A 为风洞试验段截面面积。

由此，按照式（6-7）的结果可以修正螺旋桨的来流速度，从而获得较为真实的前进比和其他试验参数。

6.4　风洞试验方案的确定与试验的典型步骤

6.4.1　确定风洞试验方案时需要考虑的其他因素

1. 螺旋桨模型的尺寸

螺旋桨在风洞中的尺寸必须进行限制。根据螺旋桨空气动力学相似理论，边界条件相似是非常重要的相似条件。通常，螺旋桨的工作环境在几何上可以看作无限大，但是在风洞有限的流场条件下，流场边界，特别是固体壁面对模型气动力的影响除了前述的阻塞效应外，还有运动学（速度场）不相似导致的动力学（各种力和加速度）不相似。因此，为了保证螺旋桨性能试验的可靠性，必须限制螺旋桨模型的尺寸。一般的经验是螺旋桨的直径不得超过风洞试验段截面最小尺寸（高度、宽度或直径）的 50%[1]。对于开口式试验段的风洞，螺旋桨的直径可略大一些。当然，具体的尺寸选择还要综合考虑下文将要涉及的雷诺数、马赫数及试验装置和桨叶结构等多种因素。

2. 马赫数的影响

在螺旋桨相似准则一节，已经述及螺旋桨的空气动力学相似准则是前进比、马赫数和雷诺数。在几何相似的条件下，必须模拟前进比、马赫数和雷诺数。这里，马赫数通常是指螺旋桨桨尖叶素的马赫数。由于模拟了前进比，若来流速度

和真实飞行速度相等，则桨尖叶素的马赫数一定是模拟的，且螺旋桨任何一个位置上叶素的马赫数都与真实飞行的马赫数相等。在试验风速与真实飞行速度相等的前提下，只要模拟了前进比就模拟了马赫数的影响。

若试验风速远低于飞行速度，则桨叶各叶素的马赫数小于飞行时的马赫数。所幸的是，对于中小型无人机使用的实际情况，各叶素的马赫数通常不大于 0.75，在该范围内，马赫数对叶素气动性能的影响较小，从而对于整个螺旋桨的性能影响有限。若叶素的马赫数超过 0.8 甚至超过 1.0，则需进行仔细研究。

3. 雷诺数的影响

在雷诺数方面，通常取螺旋桨 70%相对半径处叶素的弦长为参考长度计算螺旋桨的雷诺数。模型的桨盘直径一般取风洞试验段截面最小尺寸（高度、宽度或直径）的 50%，使螺旋桨模型的雷诺数降低，不能完全模拟飞行条件。

风洞试验螺旋桨的直径小于真实桨的直径，使得桨叶各叶素的弦长也小于真实桨对应的值，各叶素工作雷诺数小于真实值。

雷诺数对于叶素气动性能的影响，概括地讲，阻力系数随雷诺数减小而增加，升力系数基本不随雷诺数变化。这导致螺旋桨模型的试验功率偏大，气动效率偏低。

在一定雷诺数范围内，对于气动性能不受雷诺数影响的翼型，螺旋桨的效率几乎不受雷诺数的影响。例如，文献[17]介绍的采用 ARA-D 翼型系列的螺旋桨，当 $Re_{c=0.7} > 5 \times 10^5$ 时，桨的整体效率基本不受雷诺数的影响。究其原因是该系列翼型在雷诺数大于 5×10^5 以后，翼型的性能基本不随雷诺数变化。

6.4.2　关于螺旋桨试验效率大于 1 的问题

在单独螺旋桨性能的试验中，常常采用电动机驱动螺旋桨的形式，通过天平测力方法得到螺旋桨的气动性能。通常，电动机和天平外加旋成体整流罩，整流罩与电动机和螺旋桨不接触，其气动力不能传到天平上。然而，这样天平上的力只有螺旋桨轴上的力，并不是螺旋桨系统的有效推力。令螺旋桨的有效推力为 T_e，螺旋桨轴上的推力为 T，试验时若有螺旋桨存在，整流罩上的阻力为 X_1，若无螺旋桨存在，整流罩上的阻力为 X_0，则存在以下关系式：

$$T_e = T - (X_1 - X_0) \tag{6-11}$$

螺旋桨的效率应为

$$\eta_{\text{有效}} = \frac{T_e V_\infty}{P} \tag{6-12}$$

若忽略了整流罩上的阻力增量，则螺旋桨的试验效率为

$$\eta = \frac{TV_\infty}{P} \tag{6-13}$$

在有些情况下，试验效率会大于 1。同样的道理，在确定无人机的推力需求时，必须考虑螺旋桨滑流的存在及无人机相关部件的阻力增量。否则，仅依据无螺旋桨存在时的阻力数据，无人机对螺旋桨的推力需求会偏小。

因此，在风洞试验方案确定时要有足够的预计和数据修正预案。

6.4.3　风洞试验的典型步骤

为了保证风洞试验的顺利进行和试验数据的精度和准度，需要按照风洞试验的标准和操作规范进行。在国内，螺旋桨气动性能风洞试验需要遵守的标准如下：

（1）GB 9239—1988　刚性转子平衡品质许用不平衡的确定；

（2）GJB 180A—2006　低速风洞飞机模型设计规范；

（3）GJB 2244A—2011　风洞应变天平规范；

（4）GJB 4395—2002　航空航天器低速风洞测力试验方法。

简而言之，螺旋桨气动性能风洞试验的典型步骤如下。

1）确定螺旋桨风洞试验的目的和要求

在不同的研制阶段，风洞试验的目的不同。在研制的初期，风洞试验的目的主要是确认设计方法和计算方法的可靠性，以及确定单独螺旋桨的气动性能。当螺旋桨的气动性能参数初步确定后，通常要考虑在无人机机体存在条件下的螺旋桨气动性能，这是对螺旋桨气动性能的进一步确认。在螺旋桨研制的后期，一般要安排发动机与螺旋桨的匹配试验，以最终评估螺旋桨动力系统整体的性能。由于不同阶段的研究目的不同，风洞试验的内容和要求也就不同。因此，在进行风洞试验之前，必须确定螺旋桨气动性能风洞试验的目的。

按照传统的误差理论，螺旋桨试验主要针对风洞试验数据的准度与精度提出要求。

试验数据准度的要求是指试验结果与飞行结果的符合程度。由于飞行结果通常事先不知道，因此对于准度的评价很难进行。一般要求是尽量按螺旋桨空气动力学相似理论的要求安排试验，以求最大程度上保证试验结果与飞行结果的一致性。

试验数据精度的要求是指试验数据的重复性指标，通常用多次测量的标准差进行描述。对同一状态多次测量后，可计算出数据的标准差。标准差越小，试验

的精度越高。保证试验精度要求试验装置、测量仪器和数据采集方式符合要求。需要特别说明，电动机和燃油发动机，由于振动水平和控制精度不同，对螺旋桨性能测试精度影响很大。一般来讲，电动机作为驱动螺旋桨的动力装置时，数据的精度较高。

试验数据的精度和准度构成精准度指标。数据的精准度越高，试验的质量越好。目前，试验数据的精准度要求还没有统一的规定，需要根据现实情况确定。依据经验，试验的重复性精度在百分之几的水平已经能基本满足工程使用要求。

2）确定风洞试验必须模拟的相似参数

螺旋桨空气动力学相似理论部分已经提到，风洞试验时必须满足相似理论的基本要求，包括几何相似、运动学相似、动力学相似和热力学相似等。现实情况下，必须满足的是：①几何相似，包括螺旋桨和螺旋桨工作环境的几何相似；②前进比相等；③桨尖马赫数相等；④雷诺数达到自准区。

3）选择风洞和确定试验模型尺寸

根据螺旋桨相似准则的要求，选择合适尺寸的风洞和模型。通常要求螺旋桨模型直径不超过风洞尺寸的一半。由雷诺数相似要求，试验雷诺数应大于自准区雷诺数。

4）确定试验的内容与具体方案

根据试验的目的确定试验的内容。试验的内容主要包括螺旋桨模型数量、试验风速、螺旋桨转速、重复性试验的状态和次数，以及采用定转速变风速的方案或定风速变转速的方案。两种方案在实际中都有采用。前者测量绘制的试验数据曲线比较光顺，但是需要频繁调节风洞风速，试验效率较低。后者调整螺旋桨转速比较方便，试验效率高，采集得到的数据也比较符合使用习惯，虽然结果曲线与前者有稍许差异，在实际工作中仍经常采用。

这一部分的内容，往往以试验大纲的文件形式确定。

5）编制运转计划

风洞试验的运转计划是对风洞具体操作过程的规定文件。它通常包括每一个试验车次的顺序、编号、模型及状态、风洞风速、采集数据的数量及要求、文件名称及备注等。

运转计划的编制需要满足试验大纲的全部要求且便于风洞试验的高效操作。

6）模型及其支架的设计与加工

对模型及其支架除了几何方面的要求外，还有结构强度、刚度的要求。在螺旋桨高速旋转的试验中，必须慎重考虑设备和人员的安全问题。

7）风洞试验

风洞试验必须严格按照规范进行。只有确保每一个环节都按照要求做到位，才能保证得到高质量的试验数据。

8）风洞试验数据的处理与修正

风洞试验数据往往处理成无因次系数的形式。与有因次量的直接测量数据相比，无因次系数的数据更具通用性，方便后续工作的使用。

风洞试验数据通常是需要进行修正的。修正的项目通常包括侧向力修正、阻塞干扰修正等。

螺旋桨性能评价的可靠性直接关系到螺旋桨设计、选用的成败，因此必须重视。本章介绍了螺旋桨空气动力学性能风洞试验的分类、试验的装置、试验数据的修正、试验方案的确定与试验的典型步骤。特别指出，螺旋桨风洞试验中洞壁干扰的修正、马赫数、雷诺数对试验结果的影响等问题非常复杂，需要读者在实践中准确理解其机理，灵活选用适用的方案和技术。

第 7 章　涵道螺旋桨设计方法

在无人机螺旋桨设计方案阶段，常常会被问及是否可以通过选择对转螺旋桨或涵道螺旋桨的形式提高推进效率，下面介绍对这类问题的看法。

涵道螺旋桨是在桨盘外再设置一个导管的螺旋桨形式，有时也称为导管螺旋桨，如图 7-1 所示。

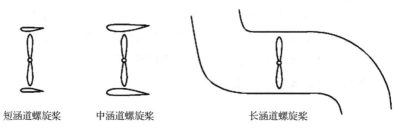

短涵道螺旋桨　　　　中涵道螺旋桨　　　　　　　　长涵道螺旋桨

图 7-1　涵道螺旋桨及分类示意图

根据涵道的长度可将涵道螺旋桨分为长涵道螺旋桨、中涵道螺旋桨和短涵道螺旋桨。长涵道螺旋桨的涵道长度大于 1.5 倍螺旋桨直径；短涵道螺旋桨的涵道长度小于 0.5 倍的螺旋桨直径；中涵道螺旋桨的涵道长度介于前两者之间。涵道的长度会直接影响螺旋桨附近的流场特征。因此，要求必须采用不同的方法设计相应的涵道螺旋桨。在无人机动力系统中，经常采用的形式是短涵道螺旋桨。如果不特别说明，本书所说的涵道螺旋桨即指短涵道螺旋桨。

涵道螺旋桨的优点是推力大、噪声小和安全性相对较高。通俗地讲，由于有涵道的包裹，桨尖涡的泄漏减少，桨叶上、下翼面的压差可以设计得较大，或称桨盘载荷较大，加上涵道唇口的吸力较大，所以可以产生较大的推力，这是涵道螺旋桨最大的优点。由于有涵道的遮挡，桨盘平面的噪声辐射减少，甚至可以在涵道中加入吸声结构和吸声材料，从而可以降低螺旋桨的噪声。同样，由于存在涵道，如果桨叶发生破坏，飞出的碎片将首先被涵道阻挡，减少了对人员和设备造成伤害的可能性。

涵道螺旋桨的缺点是结构质量大、适用的飞行速度低。相比普通开式螺旋桨，为了保证涵道的外形、结构强度和刚度，通常会增加整个动力系统的质量。特别是为了保证涵道内形在各种工况下不能与桨叶擦碰，必须保证涵道内形能够在长时间的使用中保持形状，所以结构质量的增加是必须付出的代价。在高速飞行中，涵道的唇口吸力会急剧下降，且相比开式螺旋桨多了涵道周长长度的机翼，流动阻力增加的量非常可观。因此，涵道螺旋桨适合在低速大推力的工况下工作，而对于高速飞行的无人机，通常不建议采用。

涵道螺旋桨的设计方法与普通螺旋桨的不同。理论上，涵道的存在相当于在普通螺旋桨外增加了一个诱导速度环。诱导速度环的参数对整个涵道螺旋桨的性能有着非常大的影响。总之，涵道螺旋桨形式的选用需要从飞行速度、需用推力以及安全性、噪声特性等方面综合考虑。

7.1　涵道螺旋桨的快速设计方法

涵道螺旋桨是指被涵道包围的螺旋桨系统。相比于孤立的螺旋桨系统，涵道螺旋桨系统具有更高的气动效率，以及气动噪声低、安全性高等优点，已经广泛用于轮船、特种飞行器、潜艇等军事及民用领域。因此，研究发展简便、高效的涵道螺旋桨设计方法具有一定的应用价值。

涵道螺旋桨工作时，气流连续不断从涵道入口通过螺旋桨，并在桨盘处增压后，以高速、高压的状态流出涵道，并产生反作用推力。涵道螺旋桨的推力大小与通过桨盘的空气流量和涵道内、外流速相关。

涵道螺旋桨的设计方法主要有叶素理论公式和片条理论[18-19]；利用升力线（面）和面元法耦合计算涵道螺旋桨的内部流场特性，预测涵道螺旋桨的定常与非定常性能[20-24]，以及基于动量源项法对涵道螺旋桨的流场进行 CFD 模拟与验证的方法[25]等。

由于涵道与螺旋桨之间相互干扰问题的复杂性，涵道螺旋桨的设计一般需要较多经验与较长时间。通常，在设计涵道螺旋桨时，如果有类似的桨存在，则可以基于现有类似的桨进行相似设计或优化设计。但是，如果设计一个全新的桨，又没有适当的参考方案，就需要合适的方法确定一个较合适的初步外形开展方案分析或优化设计。目前，这样的方法还不成熟。在现有工程设计方法中，比较有代表性的方法是文献[26]提供的方法。该方法首先根据经验假定桨盘直径和轮毂比，然后根据动量定理确定质量流量，并结合自由涡流径向载荷分布进行方案设计。这类方法的主要问题是需要较多经验才能确定桨盘直径和轮毂比这样的关键参数，对于设计经验较少的人员使用起来不够方便。

本书根据理论假设结合轴流通风机设计方法，发展了一个能够在初始设计阶段较好地确定螺旋桨直径和轮毂比的简便方法，为总体方案确定和加快涵道螺旋桨的设计过程提供了简便工具。

7.1.1　动量理论

涵道螺旋桨设计理论基础中最重要的理论是动量理论。动量理论是由 Rankine 和 Froude 在 19 世纪提出的，以气流通过桨盘的动量和能量变化作为依据。动量理论的基本假定如下[27]：

（1）气流是不可压缩、无黏性的理想流体；

（2）将螺旋桨看作一个前进的、叶片数无限多的桨盘，气流连续地通过桨盘，在桨盘上产生的拉力分布是均匀的，桨盘的前后存在压差，但桨盘前后的轴向速度相等（不考虑桨盘的厚度）；

（3）动量是均匀、轴对称的，通过桨盘的气流无旋转。

如图 7-2 所示，假设未受螺旋桨扰动的轴向速度和压强分别为 V_0 和 p_0，当气流逼近螺旋桨时，速度增加、压强减小。在螺旋桨桨盘前压强为 p'，气流通过桨盘后压强增加为 $p'+\Delta p$，轴向速度增大为 V_1；当气流在出口时，轴向速度进一步增大，速度达到 V_2，压强降到来流压强 p_0。

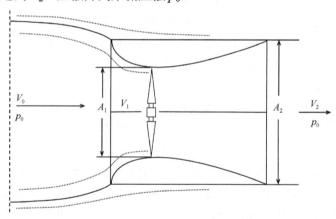

图 7-2　涵道螺旋桨的轴向流动

为了便于应用，简单列举一个需要用到的基本公式。

根据不可压流体连续方程可知，若桨盘面积为 A_1，桨盘处流速为 V_1，涵道出口面积为 A_2，涵道出口处流速为 V_2，则

$$A_1 \cdot V_1 = A_2 \cdot V_2 \tag{7-1}$$

整个涵道螺旋桨的拉力（包括桨盘拉力和涵道拉力）为

$$T_{\Sigma} = \rho A_2 V_2 (V_2 - V_0) \tag{7-2}$$

式中，T_{Σ} 为涵道螺旋桨的拉力；ρ 为来流气体密度；V_0 为来流气体的轴向速度。式（7-2）是根据动量理论得出的极其简化的拉力公式。

7.1.2　螺旋桨桨叶设计过程

在涵道螺旋桨系统中的螺旋桨与轴流式风机叶轮的工作情况类似。理论与工程实践表明，以轴流式风机的叶素理论进行桨叶的初步设计可以得到比较满意的结果。采用轴流式风机的叶素理论进行设计，需要确定通过桨盘的流量与桨盘的压力增量。

1. 桨盘的流量计算

首先应用动量理论，根据需用拉力 T_Σ，由式（7-2）计算出 V_2；再按不可压流体连续方程（7-1），计算出通过桨盘的气流体积流量：

$$Q = A_2 \cdot V_2 \qquad\qquad (7\text{-}3)$$

另外，桨叶设计时需要确定通过桨盘处的流速：

$$V_1 = Q / A_1 \qquad\qquad (7\text{-}4)$$

实际上它是名义流速。由于轮毂的遮挡，桨叶处的通流速度要比 V_1 大。具体数值在轮毂比确定以后才能知道。

2. 桨盘拉力假设

涵道螺旋桨的拉力由两部分组成，一部分由螺旋桨产生；另一部分由涵道产生。一般情况下，这两部分的拉力互相影响，并且与涵道的形状等参数密切相关，目前还没有一个简单的办法可以准确确定。但是，以作者的经验，在初步设计阶段，采用总拉力的 75%由桨盘产生是一个不错的初值假设，即在不考虑损失的情况下，桨盘产生的静压差为

$$\Delta p_1 = 0.75 T_\Sigma / A_1 \qquad\qquad (7\text{-}5)$$

由于气流经过涵道入口会有压力损失，排出气流还有排气损失。在方案设计的初始阶段，需要合理估计损失大小，以确保设计结果可靠。假设对应的无量纲损失系数分别为 K_1 和 K_2，则整个涵道螺旋桨的总损失系数为

$$\sum K_i = K_1 + K_2 \qquad\qquad (7\text{-}6)$$

根据文献[28]，进气口压力损失系数 K_1 的值可以由图 7-3 进行估算。图中，r 表示涵道入口处的半径，D 表示桨盘直径。

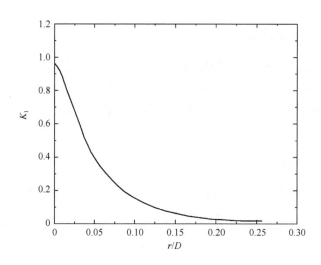

图 7-3　进气口压力损失系数

由于经过涵道的气流排到大气中，其动能全部损失，故排气口压力损失系数 $K_2=1.0$。如果涵道后部有扩散段及涵道螺旋桨附近还有其他部件存在，也应估算其损失系数。在估算了总损失系数后，可得桨盘应产生的静压差 Δp 为

$$\Delta p = \Delta p_1 + \frac{1}{2}\rho V_1^2 \cdot \sum K_i \tag{7-7}$$

3. 比转数计算

比转数 n_s 是通风机相似理论中最重要的相似参数之一，桨盘的直径、轮毂比与比转数有很强的相关性。根据总体限定的转速，比转数为

$$n_s = n \cdot Q^{0.5} / p_{tF}^{0.75} \tag{7-8}$$

式中，n 为桨叶的转速，r/min；Q 为通过桨盘的气流体积流率，m^3/s；p_{tF} 为桨盘产生的全压，$\mathrm{kgf/m}^2$。为简化起见，全压可视为静压差 Δp 与 $\frac{1}{2}\rho V_1^2$ 的和。通常，轴流式风扇的比转数应在 $100\sim500$。

4. 桨叶直径的确定

由文献[29]可知，桨叶直径与比转数的关系如下：

$$D = \frac{60 K_u \sqrt{2 p_{tF} / \rho}}{\pi n} \tag{7-9}$$

式中，D 为桨盘直径；K_u 为系数，可查图 7-4 中 n_s-K_u 关系曲线得到。

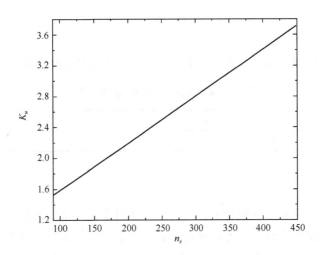

图 7-4　比转数 n_s 与系数 K_u 的关系曲线

这里需要指出，以式（7-5）～式（7-9）确定桨盘直径是一个迭代过程，在 n_s 的合理范围内，最接近 n_s-K_u 关系曲线的方案为最佳方案。

5. 轮毂比的确定

根据文献[29]，轮毂比 $\bar{d}$ 与比转数 n_s 的关系曲线如图 7-5 所示。图中的虚线为不同通风机与不同叶型的叶轮在试验中统计结果的偏差范围。

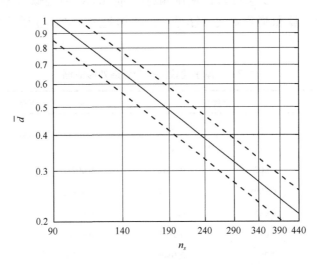

图 7-5　轮毂比 $\bar{d}$ 与比转数 n_s 的关系曲线

6. 桨叶数的确定

桨叶数可以根据表 7-1 列出的桨叶数与轮毂比之间的经验数值进行确定。

表 7-1　桨叶数 Z 与轮毂比 $\bar{d}$ 的关系[17]

$\bar{d}$	0.3	0.4	0.5	0.6	0.7
Z	2～6	4～8	6～12	8～16	10～20

7. 桨叶几何外形设计

根据轴流通风机叶素理论进行桨叶几何外形设计。桨叶几何外形设计包括：桨叶弦长分布和安装角分布等。涵道螺旋桨叶素理论与轴流通风机叶素理论没有本质差别，具体方法可参照文献[29]提供的轴流通风机叶素理论进行设计，这里不再赘述。

至此，桨叶的初始几何外形就确定了。接下来可以选择涵道并进行涵道螺旋桨的性能评估或涵道和螺旋桨的综合优化。

7.1.3　初始涵道数据

文献[30]建议了一个初始涵道外形，主要是采用 RAF-6D 翼型。本节经过改进，将翼型进行了少量旋转，使得涵道内部 50% 以后近似为等直径的圆柱，这样便于阻力估算和桨叶安装。涵道外形数据见表 7-2，涵道的外形如图 7-6 所示。

表 7-2　本书建议的一个涵道外形数据

序号	上翼面		下翼面	
	X	Y	X	Y
1	0	0	0	0
2	0.0028	0.0087	0.0028	−0.0062
3	0.0098	0.0274	0.0085	−0.0107
4	0.0149	0.0375	0.0120	−0.0115
5	0.0493	0.0805	0.0420	−0.0074
6	0.0865	0.1049	0.0820	−0.0013
7	0.1441	0.1304	0.1419	0.0079
8	0.3326	0.1684	0.3018	0.0324

续表

序号	上翼面		下翼面	
	X	Y	X	Y
9	0.4835	0.1849	0.5017	0.0630
10	0.6360	0.1906	0.6016	0.0783
11	0.7905	0.1828	0.8015	0.1089
12	0.8737	0.1733	0.8615	0.1180
13	0.9360	0.1663	0.9214	0.1272
14	0.9785	0.1561	0.9814	0.1364
15	0.9946	0.1511	0.9939	0.1387
16	1.0000	0.1468	1.0000	0.1468

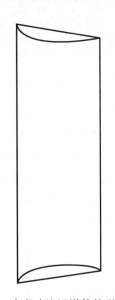

图 7-6　本书建议涵道的外形示意图

7.1.4　试验验证

为了验证本书给定方法的准确程度并研究相关流动机理，作者团队按上述方法设计加工了桨叶和涵道。然后，进行了风洞试验验证和数值模拟验证研究。下面主要介绍设计与试验对比的结果。

按本节前述方法设计加工了桨叶和涵道，涵道螺旋桨及试验装置如图 7-7 所示。设计已知条件：发动机最大可用功率 P=95kW、转速 n=2000r/min 和总拉力 T_{Σ}=850N。

图 7-7 涵道螺旋桨及试验装置示意图

试验是在西北工业大学 NF-3 低速直流风洞三元试验段进行的。该试验段长为 12m，高为 3.5m，宽为 2.5m，湍流度低于 0.07%，风速为 10～90m/s。

风洞试验装置如图 7-8 所示。试验采用两台应变片式天平，分别测量了螺旋桨和涵道产生的拉力和扭矩，其中天平 A 测量螺旋桨拉力与扭矩，天平 B 测量涵道拉力。风洞试验电机及天平 A 都安装在整流罩内部，整流罩与螺旋桨及天平不接触。典型测量结果见表 7-3～表 7-5。

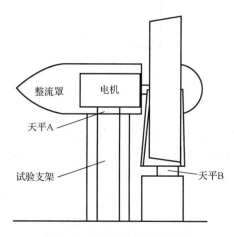

图 7-8 风洞试验装置示意图

从表 7-3 可以看出，桨叶产生的拉力、涵道产生的拉力以及桨叶拉力与总拉力的比例值与预测值相当，符合预期。说明本节给出的方法具有一定的适用性。

表 7-3　设计点状态（n=2000 r/min，V_0=20m/s）

结果	桨叶拉力/N	涵道拉力/N	总拉力/N	桨叶拉力与总拉力的比例值
预测值	637.5	212.7	850.2	75.0%
测量值	625.6	227.1	852.7	73.4%

表 7-4　较大转速状态（n=2250 r/min，V_0=20m/s）

结果	桨叶拉力/N	涵道拉力/N	总拉力/N	桨叶拉力与总拉力的比例值
测量值	817.9	323.7	1141.6	71.6%

表 7-5　较小转速状态（n=1750r/min，V_0=20m/s）

结果	桨叶拉力/N	涵道拉力/N	总拉力/N	桨叶拉力与总拉力的比例值
测量值	435.6	139.0	574.6	75.8%

也应注意到，随着工作点偏离设计点，涵道拉力和桨叶拉力的占比是变化的，在详细的设计中不能简单对待。

由于知识产权的限制，本节没能给出全部具体数据，仅做了示意性的列举。

本节采用动量理论、叶素理论，并结合轴流式通风机的设计方法，开发了一种在涵道螺旋桨初步设计阶段快速设计涵道螺旋桨的简便方法。本节方法的特点在于：

（1）把动量理论和轴流通风机相似理论相结合，开发出确定螺旋桨直径与轮毂比的简便方法；

（2）给出了涵道拉力与桨叶拉力的初始分配方案，使桨叶设计参数更容易确定；

（3）提供了一种简单实用的涵道初始外形，方便设计人员快速建立模型，开展优化设计或方案分析。

经风洞试验验证，采用本节方法设计得到的涵道螺旋桨，在设计点桨叶产生的拉力、涵道产生的拉力及两者比例等符合预期值。设计的涵道螺旋桨工作效率与理想效率比较接近，说明本节开发的设计方法具有一定的使用价值，可以用于涵道螺旋桨的初始方案设计。

7.2　桨尖间隙对涵道螺旋桨性能的影响

桨尖间隙指桨叶与涵道最小的径向距离。桨尖间隙是影响涵道螺旋桨系统气动性能的重要因素[31-35]。桨尖间隙的大小决定着涵道系统的封闭程度，涵道螺旋桨的流场对其非常敏感[36]。一般认为，桨尖间隙会影响涵道唇口的流动分离和泄漏涡的产生及发展，这些流动细节的变化会影响涵道和螺旋桨之间的载荷分配，进而影响整个涵道螺旋桨系统的总压变化和气动特性[37-39]。较大的桨尖间隙会使涵道系统整体气动特性恶化。但是，太小的桨尖间隙振动或涵道结构刚度不足，会造成桨叶与涵道擦碰，导致系统损坏，发生不安全事故。

已有学者对桨尖间隙的影响展开研究。Akturk 等[40]的试验表明，在悬停状态下，以 3.04%桨尖间隙为基准，桨尖间隙减小 1.33%，效率增量可达 17.85%，而桨尖间隙增加 2.13%，效率下降 18.1%。Pereira[41]通过试验研究了不同桨尖外形对带涵道螺旋桨微型飞行器（micro air vehicles，MAV）性能的影响，并对不同桨尖间隙值的涵道螺旋桨模型在不同桨叶安装角下进行了测试。苏运德等[42]通过求解非定常 EULER 方程对悬停状态下涵道螺旋桨流场进行模拟，得出涵道和螺旋桨的拉力分配规律，并指出存在临界间隙，超过临界间隙时，桨尖涡变化显著，涵道和螺旋桨的拉力分配急剧变化，系统气动性能下降明显。

Besem 等[34]分析了桨尖间隙对高压压气机二级转子的稳态流场和气动阻尼的影响，认为较大的桨尖间隙会在吸力侧形成较强的泄漏涡，使桨尖流量减小。同时，桨尖间隙对气动阻尼的影响呈现非线性。Ding 等[43]通过求解 RANS 方程研究了不同前进比情况下桨尖间隙对涵道螺旋桨气动性能的影响，认为在不同的前进比情况下，桨尖间隙对涵道螺旋桨系统的影响规律不同，且桨尖的脱落涡结构会随着间隙的增大转变为大的分离涡。Akturk 等[44]就桨尖间隙在悬停状态下对涵道螺旋桨系统的影响进行了试验和数值模拟，分析认为出口总压随着桨尖间隙的减小而增大，过大的桨尖间隙会导致唇口气流流动分离，并在桨尖产生泄漏涡。Williams 等[45]讨论了工业燃气轮机高压压气机级的大桨尖间隙。他们对两种不同的压气机叶栅进行了综合研究，用五孔压力探头对叶栅上游和下游的压力进行了测量。结果表明，桨尖泄漏流是影响转子出口流型的一个重要参数。

桨尖间隙对涵道螺旋桨系统影响的研究已有一定进展，但相关文献仍然很少，一般只对某个状态进行针对性研究，并给出简单的定性分析，普适性不强。下文就桨尖间隙对涵道系统气动特性的影响开展了地面试验和数值模拟研究。深入研究桨尖间隙对涵道系统影响的机理，分析设计条件的影响，提出最佳的桨尖间隙比和桨叶载荷分布，建立桨尖间隙比与载荷分配比的关系，为涵道螺旋桨设计方法的改进提供参考。

7.2.1　地面试验与数值模拟方法

1. 地面试验

为了研究桨间间隙对涵道系统气动特性的影响，同时验证数值计算方法的准确性，在西北工业大学 NF-3 风洞实验室对本节所研究的涵道螺旋桨模型进行了测力试验。

试验在 NF-3 风洞实验室试验大厅进行（即模拟地面无来流条件），使用的天平为西北工业大学 TP0904 六分量盒式天平，使用 VXI 数据采集系统采集试验数据，并利用电流表与电压表同步采集电动机的电流与电压，根据标定得到的电机效率表计算涵道螺旋桨的功率。天平 TP0904 的具体性能指标见表 7-6。试验模型如图 7-9、图 7-10 和图 7-11 所示。本期试验中，涵道内径 D=660mm，原型螺旋桨直径为 654mm，桨尖间隙最小为 3mm。

表 7-6　天平 TP0904 的具体性能指标

项目	Y	X	Z	M_y	M_x	M_z
设计载荷 N/（N·m）	±5000	±1200	±500	±300	±300	±800
校准载荷 N/（N·m）	±4511.1	±1098.3	±451.1	±274.6	±274.6	±725.7
综合加载重复性/（%F.S.）	0.017	0.060	0.072	0.059	0.004	0.005
综合加载重误差/（%F.S.）	0.03	0.11	0.16	0.06	0.03	0.03

使用下式计算桨尖间隙比：

$$\delta = \frac{\Delta}{R} \qquad (7\text{-}10)$$

式中，Δ 为桨尖间隙；R 为涵道内半径；δ 为桨尖间隙比。

按照式（7-10）进行计算，本节涵道螺旋桨模型桨尖间隙比 δ=0.91%。

图 7-9　螺旋桨模型图

图 7-10　涵道系统模型

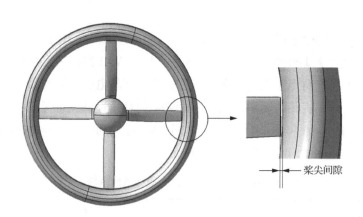

图 7-11　基准模型外形

2. 数值模拟方法

求解的控制方程为三维定常守恒形式的 N-S 方程，不考虑流场外加热和流体本身彻体力，N-S 方程的积分形式可表示为如下通用形式：

$$\iiint \left(\frac{\partial F}{\partial x} + \frac{\partial G}{\partial y} + \frac{\partial H}{\partial z} \right) \mathrm{d}\Omega = 0 \tag{7-11}$$

式中，Ω 为控制体；F、G 和 H 分别为 x、y、z 三个方向上的通量项。

前已述及，湍流模型采用 $k\text{-}\omega$ SST 模型，该模型可以同时将标准 $k\text{-}\omega$ 模型在近壁面流动的精准性和稳定性与 $k\text{-}\varepsilon$ 模型在远场流动的独立性相结合，是目前气动流动中应用最广泛的模型之一。

利用非结构网格对计算模型进行网格划分，采用多参考坐标系方法模拟螺旋桨和涵道之间的相对运动，在网格划分时需要将计算域划分为旋转域和静止域两个子域。其中，螺旋桨在旋转域内，涵道在静止域内，两个计算域分别生成计算网格，如图 7-12 所示。螺旋桨桨叶及桨毂表面网格如图 7-13 所示。涵道表面及交界面网格如图 7-14 所示。

 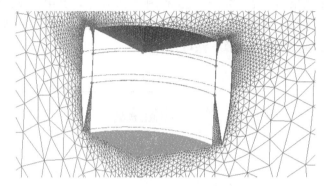

（a）旋转域网格　　　　　　　　　　　　　　　（b）静止域网格

图 7-12　涵道螺旋桨流场计算网格

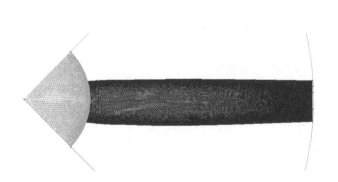 

图 7-13　螺旋桨桨叶及桨毂表面网格　　　图 7-14　涵道表面及交界面网格

　　考虑到桨叶旋转的周期性和涵道外形的对称性，在周向选取流场的 1/4 进行计算，采用周期性边界条件进行数值模拟，外场为压力远场。

7.2.2　结果分析与讨论

　　本节通过数值模拟就桨尖间隙对涵道系统的影响开展研究，首先验证了数值方法的可行性；其次研究了桨尖间隙对涵道系统和流场细节，以及设计条件的影响；最后基于二阶响应面方法建立了一种间隙-载荷分配比快速响应模型。

1. 方法验证

本节首先以基准模型（$\delta=0.91\%$）为例，验证了数值模拟的准确性。事实上，在参考文献[46]中，已经对该算例进行过验证。在这里，简单给出计算结果和试验结果的对比，如图 7-15 和图 7-16 所示，其中计算结果已通过空气动力学相似理论转化为试验桨的计算结果。可见计算结果与试验结果吻合地较好，对该涵道螺旋桨的数值计算方法可行。

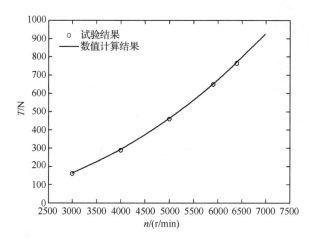

图 7-15　拉力对比

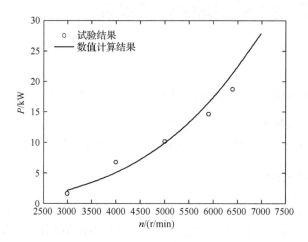

图 7-16　功率对比

2. 桨尖间隙比对涵道系统整体气动特性的影响

本节采用某实际项目要求的真实尺度,即桨盘直径为 1.2m 的模型进行不同桨尖间隙比下的涵道系统气动特性计算研究。具体做法是在基本构型(桨尖间隙比为 0.91%)基础上依次截短叶片,得桨尖间隙比分别为 $\delta=1.97\%$、$\delta=3.04\%$ 和 $\delta=3.95\%$ 的另外三种构型。计算研究采用的四种涵道桨构型参数见表 7-7。

表 7-7　四种涵道桨构型参数

构型	螺旋桨直径 D/mm	桨毂直径/mm	桨尖间隙比 δ /%
构型 1(基本构型)	1305	300	0.91
构型 2	1291	300	1.97
构型 3	1277	300	3.04
构型 4	1265	300	3.95

计算结果如图 7-17 所示。其中,图 7-17(a)为涵道系统总拉力随转速的变化曲线,图 7-17(b)为涵道系统功率随转速的变化曲线。由图 7-17(a)可知,本节计算的转速范围内,在相同转速条件下,桨尖间隙比越大,涵道系统产生的总拉力越小。当转速为 3500r/min 时,桨尖间隙比从 0.91% 增加到 3.95%,总拉力下降可达 13.19%。由图 7-17(b)可知,桨尖间隙比越大,消耗的功率也越小,并且这种差量随转速的增大而逐渐增大。

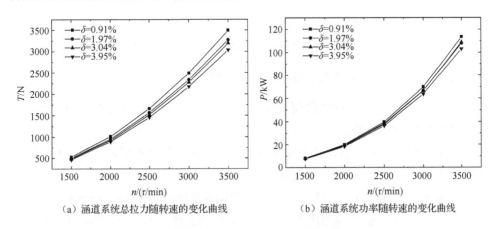

(a)涵道系统总拉力随转速的变化曲线　　　　　　(b)涵道系统功率随转速的变化曲线

图 7-17　不同桨尖间隙比涵道系统的气动特性曲线

定义涵道桨系统的拉力效率 η_1 为:

$$\eta_1 = \frac{T}{P} \tag{7-12}$$

式中，T 为涵道桨系统的总拉力；P 为涵道桨系统消耗的功率；拉力效率 η_1 可以用来衡量一个涵道桨系统的效率。

图 7-18 为不同桨尖间隙比下涵道系统的拉力效率随转速的变化曲线。总体来看，在计算转速范围内，四种桨尖间隙比下的涵道系统的拉力效率随转速的增大而逐渐减小。在相同转速条件下，桨尖间隙比分别为 0.91%、1.97%、3.04% 的涵道系统，桨尖间隙比越大，涵道系统的拉力效率越小，而桨尖间隙比为 3.95% 的涵道系统的拉力效率与桨尖间隙比为 3.04% 的涵道系统的拉力效率相当，变化曲线基本重合。

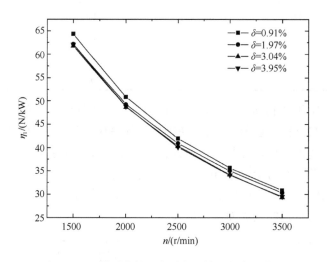

图 7-18   涵道系统的拉力效率随转速的变化曲线

3. 桨尖间隙比对部件气动特性及流场细节的影响

基于 7.2.2 小节介绍的数值模拟方法，本节研究了桨尖间隙比对涵道系统部件气动特性及流场细节的影响。

为了方便讨论和比较，四个涵道螺旋桨构型的计算状态需要一致，本节以来流风速为 5m/s 的计算结果为例进行分析。

以 $n=3500\text{r/min}$ 为例，分析桨尖间隙比对涵道及螺旋桨等部件气动特性的影响。

图 7-19 为不同桨尖间隙比下桨叶沿相对半径的气动力分布，其中图 7-19（a）为拉力分布，图 7-19（b）为功率分布。由图可知，桨尖间隙比对螺旋桨桨尖的载荷分布有极大影响，随着桨尖间隙比逐渐增大，桨尖卸载逐渐严重，初步认为这是桨尖间隙比变大，流动泄漏产生桨尖涡所导致的。

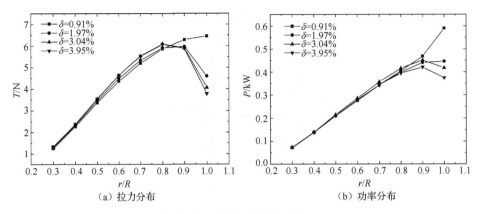

图 7-19 不同桨尖间隙比下的螺旋桨桨叶气动力分布

图 7-20 是不同桨尖间隙比下的涵道拉力分布，其中，图 7-20（a）为拉力分布，图 7-20（b）为归一化拉力分布，是按照式（7-13）进行归一化的。横坐标是柱坐标下的 θ 值（图 7-21），桨的位置在 $\theta=45°$ 处，桨前缘方向在 $\theta=90°$ 处，桨后缘的方向在 $\theta=0°$ 处。按照旋转方向对涵道的载荷分布进行分析，载荷分布按照图 7-21 的方式给出。

$$\overline{T} = \frac{T}{T_{\max}} \tag{7-13}$$

式中，$T_{\max}$ 为一定桨尖间隙比下推力的最大值。

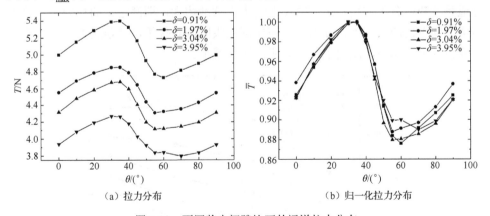

图 7-20 不同桨尖间隙比下的涵道拉力分布

由图 7-20（a）可知，桨尖间隙比影响涵道拉力的均值，随着桨尖间隙比逐渐增大，涵道上各个截面的拉力均减小。由图 7-20（b）可知，桨尖间隙比不影响涵道归一化拉力的整体分布趋势，均呈现正弦变化规律，但在 $\theta=50°\sim70°$ 处，不同桨尖间隙比下涵道归一化拉力分布有明显不同，注意到 $\theta=50°\sim70°$ 处正是桨尖后缘的位置，因此也认为这种形态上的差异是桨尖涡导致的。

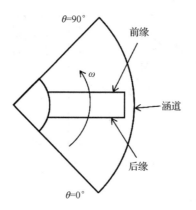

图 7-21　θ 定义示意图

　　总的来看，桨尖间隙比对涵道和螺旋桨的影响不同。桨尖间隙比主要影响螺旋桨桨尖的载荷分布，对涵道的影响主要体现在涵道拉力的均值。

　　桨间间隙比对涵道螺旋桨系统的载荷分配也有一定的影响[12]。定义涵道螺旋桨系统的载荷分配比 η_d 为

$$\eta_d = \frac{T(\text{duct})}{T(\text{total})} \tag{7-14}$$

式中，$T(\text{duct})$ 为涵道上的拉力；$T(\text{total})$ 为涵道桨系统总拉力。

　　图 7-22 为载荷分配比随桨尖间隙比的变化曲线。可见，在相同转速情况下，涵道系统载荷分配比随桨尖间隙比的增大而逐渐增大，即涵道上的拉力所占比重随桨尖间隙比的增大而逐渐增大。在相同桨尖间隙条件下，转速越大，涵道系统的载荷分配比越小，涵道上的拉力所占比重越小。

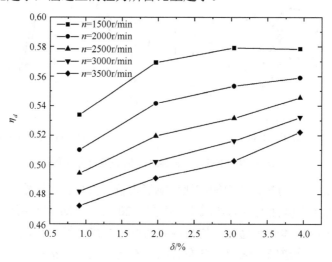

图 7-22　载荷分配比随桨尖间隙比的变化曲线

前面已经对桨尖间隙的影响进行了一定讨论，下面将通过分析桨尖间隙比对流场细节的影响来揭示上述现象的产生机理。图 7-23 和图 7-24 分别是不同桨尖间隙比下涵道系统中垂面上的轴向速度云图和流线图，其中（a）、（b）、（c）、（d）分别对应 δ=0.91%、1.97%、3.04%、3.95%。图中所有的计算状态均为转速 n=3500r/min。

由图 7-23 可以看出，桨尖间隙比越大，涵道桨后的深色区域即高速区越小，涵道桨前面的深色区域也越小。当桨尖间隙比为 1.97% 时，靠近涵道后缘的区域开始出现速度为零的小区域，且桨尖间隙比越大，这些小区域越多。这也是桨尖间隙比越大，涵道系统总拉力越小的一个原因。

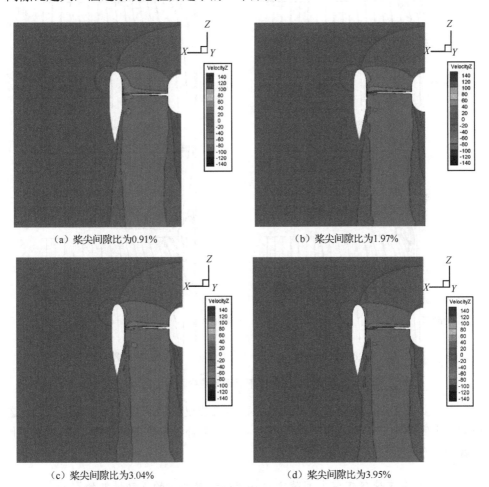

（a）桨尖间隙比为0.91%　　　　　　　（b）桨尖间隙比为1.97%

（c）桨尖间隙比为3.04%　　　　　　　（d）桨尖间隙比为3.95%

图 7-23　不同桨尖间隙比下涵道系统中垂面上的轴向速度云图

图 7-24 中，SS 表示桨叶的吸力面，PS 表示桨叶的压力面。由图 7-24 可以看

出，当桨尖间隙比为0.91%时，桨尖没有出现泄漏涡；当桨尖间隙比为1.97%时，流动在桨尖逐渐开始出现泄漏涡；当桨尖间隙比分别为3.04%和3.95%时，桨尖有明显的泄漏涡产生，而且桨尖间隙比越大，桨尖泄漏涡越明显。正是桨尖泄漏涡的存在，才使得图7-19中大桨尖间隙比情况下桨尖卸载严重。

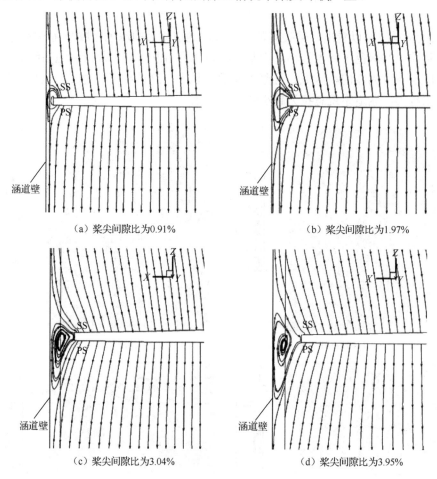

（a）桨尖间隙比为0.91%　　　　　　　　（b）桨尖间隙比为1.97%

（c）桨尖间隙比为3.04%　　　　　　　　（d）桨尖间隙比为3.95%

图7-24　不同桨尖间隙比下涵道系统中垂面上的流线图

考虑到桨尖涡泄漏带来的效率损失，本书建议桨尖间隙比在1%以内。在这样的桨尖间隙比范围内，桨叶的载荷分布在桨尖处没有显著的载荷损失，涵道上的载荷分布呈现正弦分布形式。

4. 不同来流速度下桨尖间隙比对涵道螺旋桨系统的气动性能的影响

本节考察了四个不同来流速度下的涵道桨系统的气动性能，分别为0m/s、3m/s、5m/s和10m/s。

为了使表达更加普遍化，引入无因次性能参数流量系数 φ 的概念，其定义为

$$\varphi = \frac{q_v}{\pi D^2 u_t / 4} \tag{7-15}$$

式中，q_v 为体积流量；D 为螺旋桨桨叶直径；u_t 为螺旋桨桨尖处圆周速度。

图 7-25 是来流速度分别为 0m/s、3m/s、5m/s、10m/s 的载荷分配比与流量系数变化曲线。

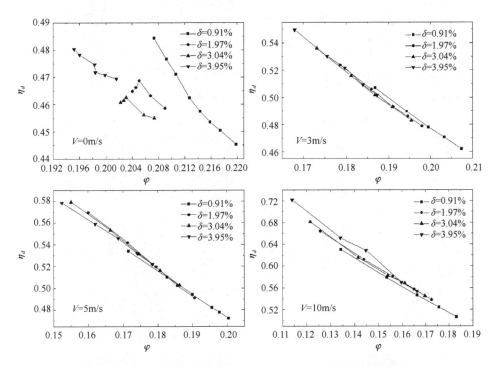

图 7-25　不同来流速度的载荷分配比与流量系数变化曲线

由图 7-25 可以看出，当来流速度为 3m/s、5m/s、10m/s 时，涵道系统的载荷分配比与流量系数近似呈线性分布。当来流速度为 0m/s 时，桨尖间隙比为 0.91% 的涵道系统的载荷分配比与流量系数也近似呈线性分布，而桨尖间隙比分别为 1.97%、3.04% 的涵道系统载荷分配比与流量系数则呈非线性分布，当桨尖间隙比进一步增大至 3.95% 时，这种非线性作用逐渐减弱。下面是对此现象的研究探讨。

以桨尖间隙比分别为 0.91% 和 1.97% 的涵道螺旋桨模型为例，对上述的非线性现象进行研究，计算来流速度分别为 0m/s 和 5m/s，计算转速分别为 1500r/min、2500r/min 和 3500r/min。

图 7-26～图 7-29 为桨尖间隙比分别为 0.91%和 1.97%的涵道螺旋桨模型在不同转速和来流速度下的轴向速度云图与流线图。

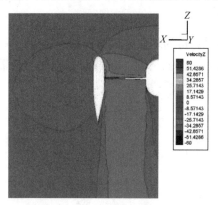
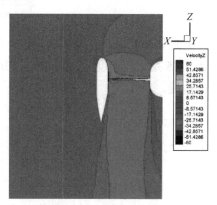

（a）转速为1500r/min，来流速度为0m/s　　　　　　（b）转速为1500r/min，来流速度为5m/s

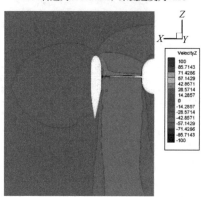
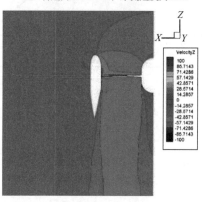

（c）转速为2500r/min，来流速度为0m/s　　　　　　（d）转速为2500r/min，来流速度为5m/s

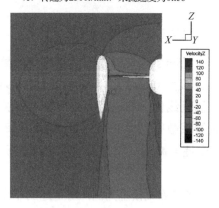
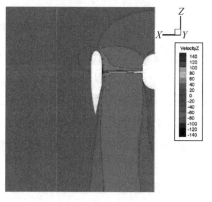

（e）转速为3500r/min，来流速度为0m/s　　　　　　（f）转速为3500r/min，来流速度为5m/s

图 7-26　桨尖间隙比为 0.91%涵道螺旋桨模型中垂面上的轴向速度云图

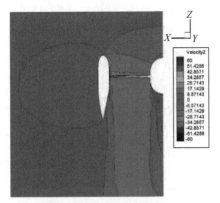
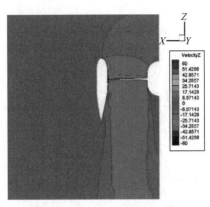

（a）转速为1500r/min，来流速度为0m/s　　　　（b）转速为1500r/min，来流速度为5m/s

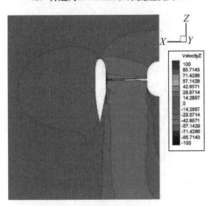
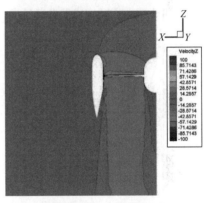

（c）转速为2500r/min，来流速度为0m/s　　　　（d）转速为2500r/min，来流速度为5m/s

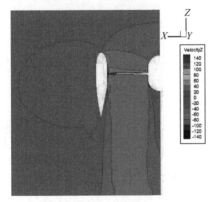
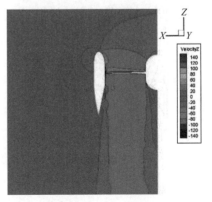

（e）转速为3500r/min，来流速度为0m/s　　　　（f）转速为3500r/min，来流速度为5m/s

图 7-27　桨尖间隙比为 1.97%涵道螺旋桨模型中垂面上的轴向速度云图

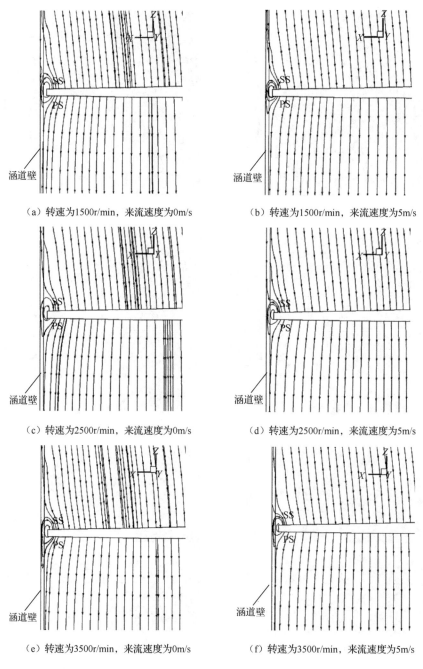

（a）转速为1500r/min，来流速度为0m/s　　　（b）转速为1500r/min，来流速度为5m/s

（c）转速为2500r/min，来流速度为0m/s　　　（d）转速为2500r/min，来流速度为5m/s

（e）转速为3500r/min，来流速度为0m/s　　　（f）转速为3500r/min，来流速度为5m/s

图7-28　桨尖间隙比为0.91%涵道螺旋桨模型中垂面上的流线图

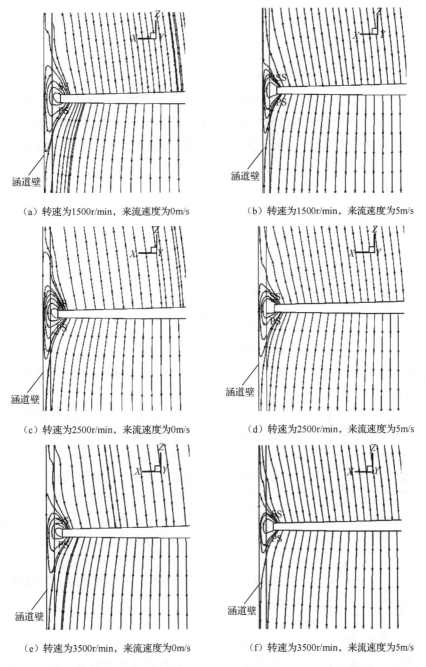

（a）转速为1500r/min，来流速度为0m/s　　　（b）转速为1500r/min，来流速度为5m/s

（c）转速为2500r/min，来流速度为0m/s　　　（d）转速为2500r/min，来流速度为5m/s

（e）转速为3500r/min，来流速度为0m/s　　　（f）转速为3500r/min，来流速度为5m/s

图 7-29　桨尖间隙比为1.97%涵道螺旋桨模型中垂面上的流线图

可以看到，来流能有效改善涵道系统的流场。同一桨尖间隙比下，增加来流速度，涵道唇口外的流速降低，能量损失减小。同时，增大来流速度，同一桨尖间隙比下的泄漏涡区域有一定减小，即来流对桨尖泄漏涡有一定的抑制作用，且转速越小，抑制效果越明显。

5. 间隙-载荷分配比快速响应模型

如图 7-25 所示，对于上节研究的涵道系统，有来流时，载荷分配比与流量系数表现出一种类似于反比例函数的关系，并且这种关系与桨尖间隙比和来流速度均有关。针对这种情况，本节希望基于有限的数据建立一种间隙-载荷分配比快速响应模型。

1）数学方法

设载荷分配比 η 与流量系数 φ 满足：

$$\eta = \frac{c_2}{\varphi^{c_1}} \tag{7-16}$$

式中，c_1、c_2 为待确定的参数，满足 $c_1=f_1(\delta)$、$c_2=f_2(\delta)$。

选择二次响应面作为响应函数：

$$c_1 = f_1(\delta) = a_1\delta^2 + a_2\delta + a_3 \tag{7-17}$$

$$c_2 = f_2(\delta) = b_1\delta^2 + b_2\delta + b_3 \tag{7-18}$$

即认为在某来流速度下，待定参数是桨尖间隙比的二次函数。快速响应模型建立过程如下。

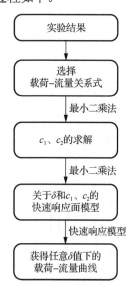

图 7-30　载荷-流量快速响应
模型建立过程

第一步：根据图 7-25 所示曲线，使用式（7-16）进行拟合，得到待定参数 c_1 和 c_2；

第二步：根据式（7-17）和式（7-18），确定待定参数与桨尖间隙比 δ 的二次函数关系；

第三步：任给一个桨尖间隙比，根据式（7-17）和式（7-18），求出 c_1 和 c_2 的估计值，将估计值代入式（7-16），获得该桨尖间隙比情况下的经验曲线。

本节使用最小二乘方法对上述拟合过程进行求解。载荷-流量快速响应模型建立过程如图 7-30 所示。

2）方法验证

以来流速度分别为 3m/s 与 5m/s 为例，根据以上方法，基于本书有限的计算数据，建立了桨尖间隙比与载荷分配比之间的快速响应模型，如图 7-31 和图 7-32 所示，其中，（a）是 η-φ 关系曲线，（b）是参数随桨尖间隙比 δ 的变化曲线。可见，使用本书建立的间隙-载荷分配比快速响应模型计算的结果与前文数值模拟结果吻合较好。

本节基于有限的 CFD 数据构建的间隙-载荷分配比快速响应模型便于设计人员在方案设计阶段对桨叶载荷进行确定。

涵道螺旋桨系统的气动特性对桨尖间隙比极为敏感，本节就桨尖间隙比对涵道系统气动特性的影响开展了数值模拟研究。基本结论如下。

（1）随着桨尖间隙比的增大，涵道系统产生的总拉力减小，且涵道的拉力所占比重增加。

（2）桨尖间隙比对涵道螺旋桨和涵道的影响规律不同：对螺旋桨的影响主要体现在桨尖的载荷分布，桨尖间隙比越大，螺旋桨的桨尖泄漏涡越明显，卸载越严重。对涵道的影响主要体现在涵道拉力的均值及桨尖位置处（$\theta=50°\sim70°$）的拉力形态。

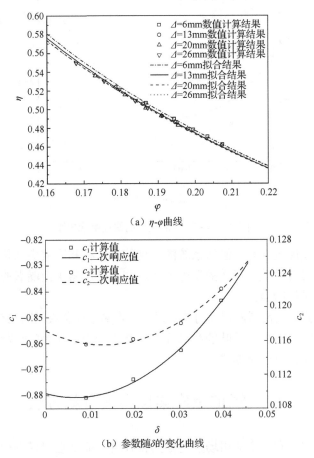

（a）η-φ曲线

（b）参数随δ的变化曲线

图 7-31　$V=3\text{m/s}$ 情况下的快速响应模型

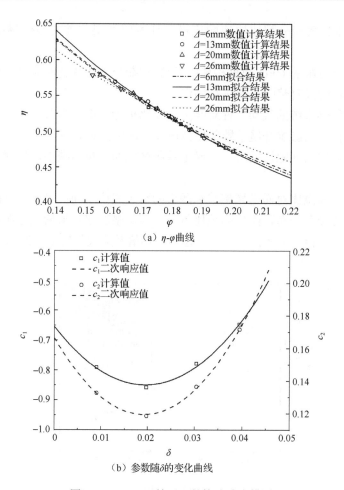

（a）η-φ曲线

（b）参数随δ的变化曲线

图 7-32　V=5m/s 情况下的快速响应模型

（3）来流速度也会影响涵道系统的气动特性：在相同桨尖间隙比情况下，增加来流速度，可有效减小涵道的拉力占比，同时抑制桨尖泄漏涡的发展，且转速越小，抑制效果越明显。

（4）考虑到桨尖泄漏涡带来的效率损失，本书建议桨尖间隙比在 1% 以内，在这样的桨尖间隙范围内，桨叶的载荷分布在桨尖处没有显著的载荷损失，涵道上的载荷分布呈现正弦分布形式。

7.3　涵道螺旋桨推力矢量新方法

涵道螺旋桨还有一个应用场景是作为直升机（或垂直起降飞行器）的尾桨，其作用是平衡直升机主旋翼的旋转力矩，特别是新型垂直起降飞行器的尾桨设计中，常常选择涵道螺旋桨。一方面在垂直起降时起到平衡力矩的作用；另一方面在飞行中起到推进动力的作用。但是，目前此类涵道螺旋桨的效能还有待提高。由于受到前行桨叶桨尖马赫数的限制，传统直升机的巡航速度为 300km/h 左右。为了提高巡航速度，涵道推力矢量（vectored thrust ducted propeller，VTDP）系统的装置被重视起来。VTDP 系统设置在飞行器的后部，由涵道螺旋桨和气流偏转装置构成。通常，气流偏转装置采用竖直放置的直导流片形式。VTDP 系统不仅可以提供反扭矩和偏航控制力，还可提供向前的推力和平衡控制力。由于采用 VTDP 系统，复合直升机具有更高的飞行速度，更好的控制能力和敏捷性，以及更大的商载能力。

　　Piasecki 16H 和 Piasecki X-49 是目前采用 VTDP 系统的两个典型例子。Piaseck 16H 是 20 世纪 60 年代发展起来的一系列复合型直升机 Pathfinder Ⅰ，16H-1 型建造于 1962 年。外形相似但体积更大的 Pathfinder Ⅱ，16H-1A，完成于 1965 年。Piasecki X-49 被称为“速度鹰”，是美国试验型高速复合直升机。Piasecki X-49 由 Piasecki 飞机公司制造，具有四叶桨叶和两台发动机，图 7-33 和图 7-34 分别为 16H-1 和 X-49A 的 VTDP 系统。可以看出，16H-1 采用的是竖直型偏转装置。X-49A 采用的是偏转导流片（swerving sector）。在飞行过程中导流片不偏转，而在悬停或偏航运动时，导流片偏转以提供适当的偏转力矩。

图 7-33　16H-1 的 VTDP 系统　　　　　　图 7-34　X-49A 的 VTDP 系统

　　相比于前飞状态，飞行器悬停对于 VTDP 系统的要求更苛刻。悬停时要求 VTDP 系统产生大的侧向力及尽量小的轴向力。

　　关于数值计算方法的验证可参阅文献[46]，这里不再赘述。

7.3.1　关于 16H-1 的研究

1. 16H-1 的悬停试验

对模型进行地面试验，试验模型与 16H-1 的 VTDP 系统装置类似。侧视图和后视图如图 7-35 和图 7-36 所示。模型参数在表 7-8 中详细介绍。

图 7-35　试验模型侧视图　　　　　　　　图 7-36　试验模型后视图

表 7-8　模型主要参数

部件	参数	数值
涵道	进口直径	644mm
	出口直径	618mm
	长度	232mm
螺旋桨	叶片数量	6
	直径	593mm
	桨毂直径	75mm
	翼型	ARA-D
	叶片尖部安装角	10°
水平叶片	弦长	92mm
	展长	602mm
	翼型	NACA0012
垂直叶片	弦长	185mm
	展长	493mm/600mm/493mm
	翼型	NACA0012

模型安置在试验台上，试验台上连接着一个六分量天平。一个电动机通过传

动轴连接到螺旋桨上。螺旋桨由一个额定功率为 100kW 的电动机驱动。试验状态为悬停状态，因此没有自由流。试验过程中，螺旋桨转速和叶片偏角均在可控范围内。轴向力和侧向力通过天平测量。VTDP 系统的功率通过测量的电流和电压进行计算，并在试验前进行校准。

本次试验的目的是为与数值计算的比较提供试验数据，因此对整个试验进行了重复性试验以保证可靠性。模型数值计算完成后，与试验结果进行比较。

2. 16H-1 的数值结果

数值模拟采用求解三维 RANS 方程的准定常方法。湍流模型采用 SST 模型，网格采用四面体棱柱层的混合网格。针对 16H-1 的近场网格如图 7-37 所示。

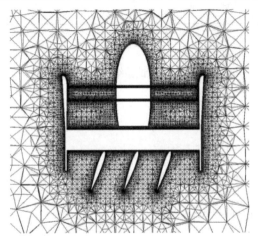

图 7-37　16H-1 的近场网格

3. 16H-1 试验与计算结果对比

在试验和数值模拟中，垂直叶片的偏角固定为 20°，水平叶片的偏角保持为 0°。16H-1 的轴向力、侧向力和功率的试验结果和数值计算结果的对比如下。

图 7-38 显示了不同转速下轴向力的对比。两次试验结果非常接近，在图例中分别标注为试验 1 和试验 2。数值计算结果比试验结果低不到 10%，整体发展趋势与试验结果一致。图 7-39 显示了不同转速下侧向力的对比。侧向力计算结果比试验结果大一点，整体发展趋势与试验结果一致。图 7-40 是不同转速下功率的对比。计算结果与试验结果吻合较好。

这些比较表明，本节所采用的数值模拟方法至少在轴向力、侧向力和功率方面具有评估 VTDP 系统的潜力。结果的对比说明，使用本节的数值模拟方法是可以对不同的 VTDP 系统进行研究的。

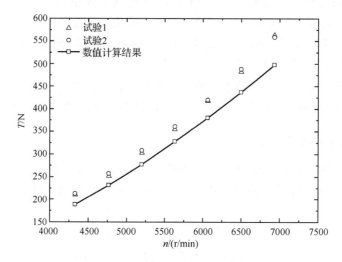

图 7-38　轴向力的试验结果与计算结果对比

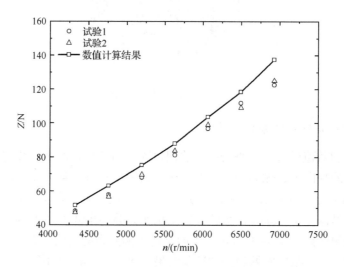

图 7-39　侧向力的试验结果与计算结果对比

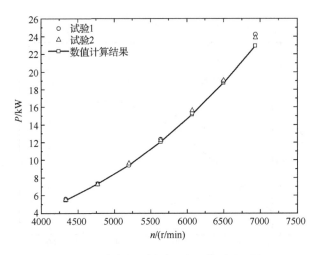

图 7-40　功率的试验结果与计算结果对比

4. 16H-1 计算结果的进一步讨论

在上一节中，为了便于比较，垂直叶片的偏角是固定的，结果已在上述讨论中给出。在本节中，将转速固定在 $n=6500 \mathrm{r/min}$，调整偏转角度。

图 7-41 显示了不同偏转角度下的轴向力或推力。可见，随着偏角的增大，螺旋桨推力增大，竖直导流片叶片阻力增大，涵道推力减小，VTDP 系统整体推力单调减小。图 7-42 显示了不同偏转角度下的侧向力。随着偏转角度的增大，VTDP 系统和竖直导流片的侧向力先增大后减小。最大作用力出现在 $\phi=40°$ 附近。涵道的侧向力随 ϕ 的增大而减小。图 7-43 显示了不同偏转角度下的功率变化。最大功率消耗发生在与侧向力相同的偏转角度处。

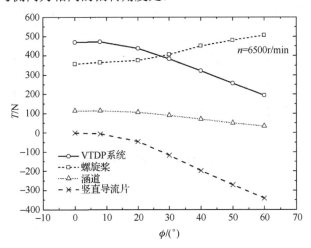

图 7-41　16H-1 不同偏转角度下的轴向力

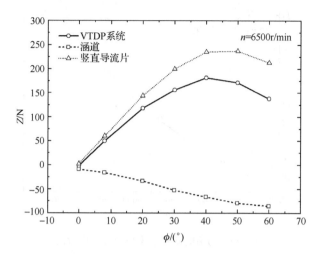

图 7-42　16H-1 不同偏转角度下的侧向力

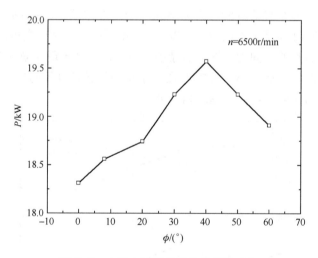

图 7-43　16H-1 不同偏转角度下的功率

7.3.2　X-49 气动性能的数值模拟研究

　　X-49 的数值模拟方法与 16H-1 的模拟方法一样。X-49 数值模拟选用的网格如图 7-44 所示，数值模拟的结果见表 7-9。这里仅列出偏转导流片安装角分别为 50°和 60°的典型情形。数值模拟结果的分析与后面新型 VTDP 系统一起进行。

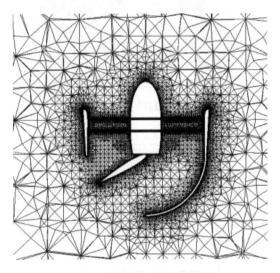

图 7-44　X-49 水平中心部分的网格

表 7-9　X-49 的数值模拟结果

偏转导流片安装角	轴向力/N	侧向力/N	功率/kW
50°	263	306	19.54
60°	208	304	19.40

7.3.3　一种新型 VTDP 系统的概念设计

　　图 7-45 给出了一种新型的 VTDP 系统。该系统延长了涵道的轴向长度，取消了传统形式的水平导流片和竖直导流片，取而代之的是两个可以转动的外壳型导流片。如图 7-46 所示，两个外壳型导流片的一片顺时针转动，另一片逆时针转动，工作的时候是一种推力矢量喷管的形式。

　　图 7-47 给出了新型 VTDP 系统的网格剖面示意图。图 7-48、图 7-49 和图 7-50 分别展示了随着偏转系统偏转角度的不同，轴向力、侧向力及螺旋桨需用功率的变化。

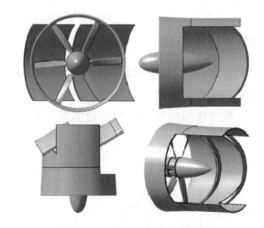

图 7-45　VTDP 概念偏转系统

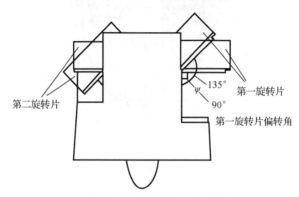

图 7-46　工作条件下的 VTDP 概念偏转系统

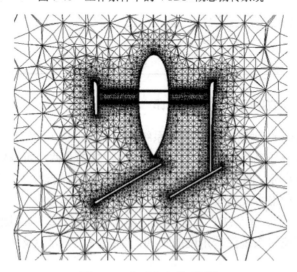

图 7-47　水平中心截面网格

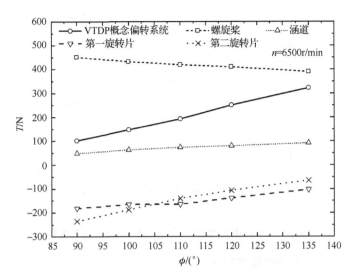

图 7-48　VTDP 概念偏转系统中轴向力随 ϕ 的变化

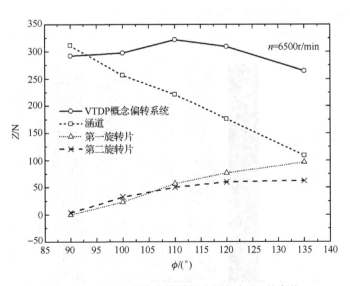

图 7-49　VTDP 概念偏转系统中侧向力随 ϕ 的变化

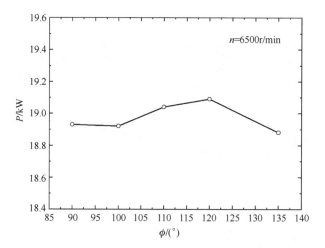

图 7-50　VTDP 概念偏转系统中需用功率随 ϕ 的变化

7.3.4　三种 VTDP 系统性能的对比

1. 力和需用功率

图 7-51 首先比较了三个偏转系统之间的侧向力。图中显示了 16H-1 在 $\phi=40°$ 和 X-49 在 $\phi=50°$ 的最大侧向力，并对比了本节给出的设计在不同偏转角度下的侧向力。16H-1 的最大侧向力小于其他两个偏转系统。本节给出的设计在 90° 到 120° 的偏转角度范围内的侧向力与 X-49 的最大侧向力相当。

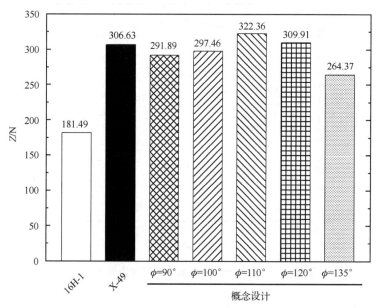

图 7-51　VTDP 不同偏转系统的侧向力对比

对于悬停，首先考虑的是较大的侧向力和较小的轴向力，因此图 7-52 比较了轴向力。分别对应于各自最大侧向力，本节给出的概念设计（ϕ=110°时）的轴向力比 16H-1（ϕ=40°）和 X-49（ϕ=50°）对应的轴向力都要小。图 7-52 表明，在本节给出的设计偏转角范围内，新概念设计方案轴向力性能具有明显的优势。

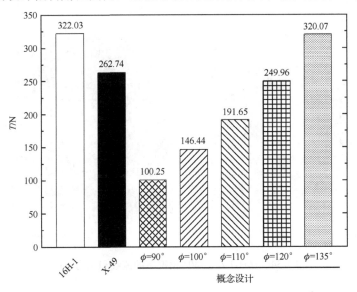

图 7-52　VTDP 不同偏转系统的轴向力对比

图 7-53 比较了涵道螺旋桨消耗的总功率。显然，当前概念设计的功耗最小。这些比较表明，本节给出的设计提供了较大的侧向力与较小的轴向力和消耗功率。

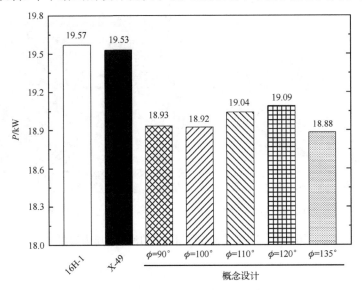

图 7-53　VTDP 不同偏转系统的功率对比

2. 流线和压力云图

图 7-54～图 7-56 中显示的流线和压力云图流动细节,可为本节提出的设计提供一些启示。

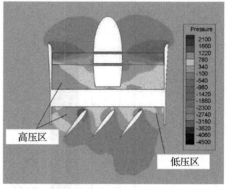

（a）流线　　　　　　　　　　　　　　　（b）压力云图

图 7-54　16H-1 在 ϕ=40° 情况下的流线和压力云图

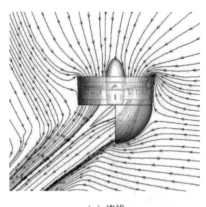
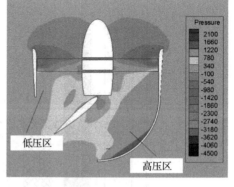

（a）流线　　　　　　　　　　　　　　　（b）压力云图

图 7-55　X-49 在 ϕ=50° 情况下的流线和压力云图

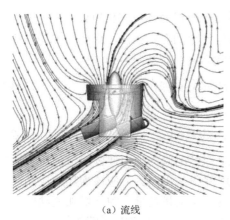
（a）流线

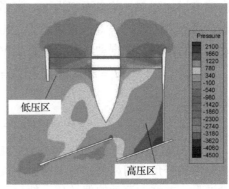
（b）压力云图

图 7-56　本节给出的概念设计在 ϕ=110° 情况下的流线和压力云图

正如图 7-54～图 7-56 中水平中心部分的流线所示，16H-1 使气流的偏转比 X-49 和本节给出的设计少。因此，根据动量理论，16H-1 产生更大的轴向力和更小的侧向力。X-49 和本节给出的设计中安装的偏转装置比 16H-1 中的垂直叶片更有效。

压力云图可以更直接地解释这种现象。上述动量分析假设出口压力已经恢复，然而，本节计算获得的压力等值线并不支持这种假设。对于 16H-1，左侧存在高压，从而导致负侧向力。相比之下，X-49 和本节设计的右侧压力较高，产生正侧向力。在本案例中，正侧向力有利于悬停。

根据动量理论，施加在 VTDP 系统上的力包括轴向力和侧向力，由 VTDP 系统上的压力、气流偏转和质量通量决定，如图 7-57 所示。

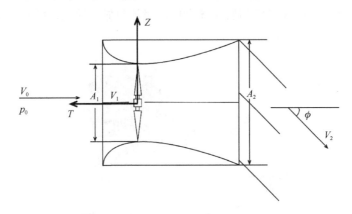

图 7-57　VTDP 系统中的流动示意图

自由来流的轴向速度和压力分别为 V_0 和 p_0。当气流接近螺旋桨时，速度会增加，压力会降低。螺旋桨前的压力为 p'，流体流过螺旋桨后，压力增加到 $p'+\Delta p$，

轴向速度增加到 V_1。桨盘面积为 A_1，涵道出口面积为 A_2。在出口处，速度进一步增加，而压力降低到 p_0。假设来自管道出口的流动完全偏转，流动的平均偏转角为 ϕ，速度为 V_2。根据动量理论，整个 VTDP 系统的轴向力为

$$T = \dot{m}(V_2 \cos\phi - V_0) = \rho A_1 V_1 (V_2 \cos\phi - V_0) \tag{7-19}$$

侧向力为

$$Z = \dot{m}V_2 \sin\phi = \rho A_1 V_1 V_2 \sin\phi \tag{7-20}$$

由式（7-19）和式（7-20）可知，VTDP 系统的侧向力与通过涵道的质量通量和流动的偏转角密切相关。为了增加 VTDP 系统的侧向力，应该增加通过涵道的质量通量，或增加流动的偏转角。然而，这两个变量是耦合的，增加流动的偏转角会增加阻塞效应，从而导致质量通量减少。为了得到 VTDP 系统的最大侧向力，设计者应该平衡这两个变量。

对于 VTDP 系统，假设叶片的偏转角和气流的偏转角一致。从连续性方程可以得到

$$A_1 V_1 = A_2 V_2 \cos\phi \tag{7-21}$$

悬停时，来流速度为零，VTDP 系统的推力为

$$T = \dot{m}V_2 \cos\phi = \rho A_2 (V_2 \cos\phi)^2 \tag{7-22}$$

侧向力为

$$Z = \dot{m}V_2 \sin\phi = 0.5\rho A_2 V_2^2 \sin 2\phi \tag{7-23}$$

3. 质量流量

另一个影响悬停效率的因素是质量流量。质量流量计算的参考面积如图 7-58 所示。表 7-10 对不同 VTDP 偏转系统间的质量流量做了比较。可见，本节设计具有最大的侧向质量流量。

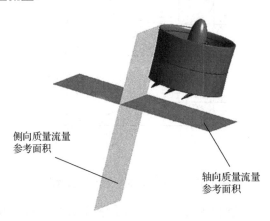

图 7-58　质量流量计算的参考面积

表 7-10　不同 VTDP 偏转系统的质量流量

质量流量	16H-1	X-49	本节设计
轴向/（kg/s）	13.45	12.16	11.06
侧向/（kg/s）	9.96	12.88	13.62

总之，借助动量理论的流动分析发现，本节设计产生更大的流动偏转，更有益的高压和更大的侧向质量流量，因此有更大的总侧向力。

本节设计了一种用于 VTDP 系统的概念偏转装置。本节设计的一部分灵感来自动量定理，另一部分来自于现有偏转装置（如 16H-1 和 X-49）之间的比较。本节的设计目标是有效的悬停控制，因此侧向力更为重要。此外，还考虑了 VTDP 系统的功率。对 16H-1 进行了试验与数值模拟的对比。然后，对 X-49 和本节设计进行了类似的数值模拟。数值结果表明，本节设计提供了更大的侧向力，并且功率消耗更低。

本章介绍了涵道螺旋桨设计的简便方法、桨尖间隙比对涵道螺旋桨性能的影响规律，以及作者团队近期在新型涵道推力矢量系统方面的研究成果。可以看到，涵道螺旋桨的设计比普通开式螺旋桨设计困难得多，主要有不同飞行阶段涵道与螺旋桨的载荷分配、桨尖间隙比对螺旋桨性能的影响以及涵道螺旋桨在不同飞行阶段承担的不同角色和设计要求。因此，在设计过程中更需要综合考虑和精细计算的辅助。

第 8 章　螺旋桨设计研究中的其他问题

要得到好用的螺旋桨，设计者需要考虑方方面面的因素，除了前面介绍的诸多问题以外，还有螺旋桨的气动噪声、是否采用涵道桨或对转桨的形式、螺旋桨与发动机的匹配，以及制作桨叶的材料与工艺、飞行时螺旋桨的控制问题等。限于篇幅和对问题的熟悉程度，这里仅简要介绍以下三方面的问题。

8.1　螺旋桨与噪声

螺旋桨是螺旋桨无人机部件中最主要的噪声源之一。螺旋桨的气动噪声大，一方面，对机体和机载设备正常工作造成影响；另一方面，不利于声学隐身，影响无人机的生存能力。因此，研究螺旋桨的气动声学问题对于螺旋桨设计很有意义。在螺旋桨的气动声学方面已经有了相当多的专著与文献，有兴趣深入研究的读者可查阅书后列出的参考文献。这里仅从应用角度出发介绍一些重要的结论。

8.1.1　相关概念及螺旋桨的发声机理

1. 噪声的基本概念

压力的脉动从声源向外传播到达观察者处，称为声音。工程中遇到的大部分声音，其强度和频率呈随机变化，给人以不愉快的感觉，称为噪声。

衡量噪声强度的物理量是声压 p。声压是有声波时媒质中的压力与静压之差。声压脉动的大小，一般用它的均方值或均方值根 $p_{rms} = \bar{p}^2$ 或 $p_{rms} = \sqrt{\bar{p}^2}$ 表示。正常人耳朵能听到声音的声压称为听阈声压，在空气中为 2×10^{-5}Pa，人耳产生疼痛感觉的声压为 20Pa 以上。由此可见，声压值本身虽然不大，但它的变化范围很大，为便于工程上使用，引入级和分贝（dB）的定义。

总声压级：

$$L_p = 10\lg\frac{\bar{p}^2}{p_0^2} = 20\lg\frac{p_{rms}}{p_0} \qquad (8\text{-}1)$$

式中，$p_0 = 2 \times 10^{-5}$Pa，为基准声压或参考声压。按照该规定，一个大气压的压力脉动的声压级为 194dB，当声压级达到 130～140dB 时，人耳将感到疼痛。实际上，这一压力的量级仅为千分之一个大气压。

　　声压的高低与观察者离声源的距离有关，用声源辐射的声功率，可以方便地比较声源的强弱。声功率 W 是声源在单位时间内辐射的声能，声功率级定义为

$$L_W = 10\lg\frac{W}{W_0} \tag{8-2}$$

式中，$W_0 = 10^{-12}\text{W}$，为基准声功率或参考声功率。

　　声波以波动的形式传播能量，因此，可用声强描述。声强为单位时间内在垂直于声传播方向的单位面积上所通过的平均声能：

$$I = \vec{p}\vec{u} \tag{8-3}$$

式中，$\vec{u}$ 为媒质的质点速度，是声波引起的质点振动速度，不是声速 a。

　　声强级：

$$L_I = 10\lg\frac{I}{I_0} \tag{8-4}$$

式中，$I_0 = 10^{-12}\text{W/m}^2$，为基准声强或参考声强。

　　在自由行波中，声强与声波之间有确定的关系：

$$I = \frac{\vec{p}^2}{\rho c} \tag{8-5}$$

式中，ρc 为媒质的特征声阻抗，是媒质的密度和声速的乘积。对于空气，在 20℃ 和一个大气压力下，$\rho c = 414\text{kg}/(\text{m}^2\cdot\text{s})$。

　　根据关系式，在自由行波中，声强级与声压级有如下关系：

$$L_I = 10\lg\frac{\vec{p}^2}{\rho c} / 10^{-12} = L_p + 10\lg\frac{400}{\rho c} \tag{8-6}$$

多数情况下，空气的特征声阻抗 ρc 接近于 $400\text{kg}/(\text{m}^2\cdot\text{s})$，所以 $L_I \approx L_p$。

2. 噪声的频谱分析

　　此处引入两个定义：谱密度声压级 L_{ps} 和频带声压级 L_{pB}。

　　谱密度表示单位带宽（1Hz）内信号的均方值。以 Δp^2 代表宽度为 Δf 的频带内测得的声压均方值，那么谱密度：

$$\vec{p}^2 = \Delta p^2 / \Delta f \tag{8-7}$$

　　因此，谱密度声压级：

$$L_{ps} = 10\lg\frac{p^2}{\Delta p_0^2} \tag{8-8}$$

实际上，测量的带宽不可能很窄，声学测量上多采用 1/3 倍频程和倍频程带宽，这时采用频带声压级更直截了当，频带声压级定义为

$$L_{pB} = 10 \lg \frac{\Delta p^2}{\Delta p_0^2} \qquad (8\text{-}9)$$

如果频带不宽，在频带内谱密度近似常数，那么：

$$L_{pB} = 10 \lg \frac{p^2 \Delta f}{\Delta p_0^2} = L_{ps} + 10 \lg \Delta f \qquad (8\text{-}10)$$

式（8-10）给出了频带声压级和谱密度声压级之间的关系。可见带宽越宽，频带声压级越高。在频谱均匀的情况下，两个不同带宽的频带噪声有如下关系：

$$L_{pB} = L_{pB1} + 10 \lg \frac{\Delta f_2}{\Delta f_1} \qquad (8\text{-}11)$$

由此可见，在频谱图上必须表明测量带宽。

噪声谱一般是一个连续谱，进行频谱分析可以了解它的频率结构。频谱分析最常用的工具是傅里叶变换。

3. 螺旋桨的发声机理与特点

螺旋桨噪声频谱的特点是在宽带噪声的基础上叠加了一系列的离散噪声。离散噪声又称旋转噪声，其频率分别是桨叶通过的频率和它的各次谐波频率。

根据螺旋桨发声机理或声源特征，可将螺旋桨离散噪声/旋转噪声进一步分为厚度噪声、负荷噪声和非线性噪声。厚度噪声又称单极子噪声，是具有一定厚度的螺旋桨桨叶周期性地扫过周围空气介质，在桨叶通过的区域迫使空气微团被周期性地"吸入"和"排出"而产生的噪声。负荷噪声又称偶极子噪声，是桨叶叶面上分布的压力场随螺旋桨旋转产生的周期性噪声。螺旋桨负荷噪声与螺旋桨的推力和功率密切相关。螺旋桨的非线性噪声又称四极子噪声，由非线性源与非线性传播两个因素构成。这类噪声源仅对于桨尖相对运动在超声速或跨声速工况运行时才是重要的。

螺旋桨宽频噪声一般认为是作用于螺旋桨桨叶上的气动力随机分量产生的。它与随机涡量从桨叶后缘的脱落、桨叶剖面的环量沿径向变化所导致的旋涡脱落有关，也与来流的湍流和桨叶表面的湍流边界层流动相关。若要对宽频噪声进行定量估算，必须了解湍流的功率谱等细节，还需估算桨叶对于脉动来流的响应及桨叶叶面上随机脉动负荷的发声效率。由于湍流与随机过程内在的复杂性，上述工作非常困难，目前尚停留在半经验性估算阶段。好在对于大多数无人机螺

旋桨，宽频噪声与旋转噪声相比小很多，在螺旋桨噪声研究中处于次要位置。

　　总之，由于研究的重要性及对问题的认识程度，目前对于螺旋桨噪声的研究及成果主要集中在厚度噪声和负荷噪声方面。

4. 延迟方程

　　在计算螺旋桨辐射的声场之前，首先需求解延迟方程：

$$g = \tau^* - t + \frac{1}{c}|x - y| = 0 \tag{8-12}$$

式中，τ^* 为声源时刻；t 为观测时刻；x 为观测点的坐标；y 为声源的坐标；c 为声速。

　　事实上，延迟方程 $g=0$ 表示一个球面族，如图 8-1 所示。当声源时刻 τ^* 趋近于观测时刻 t 时，即 $\tau^* \to t$，则球面半径 $r \to 0$。因此，该球面族称为消失球（collapsing sphere）。显然，消失球的球心应位于观测点 X 处。球面代表观测者位于球心 X 处，在观测时刻 t 时所接受到的在 τ^* 时刻所发射的全部可能声源点位置的集合。因此，每一个延迟时 τ^* 消失球与该时刻螺旋桨桨叶表面的交线是在该时刻的声源点集合。

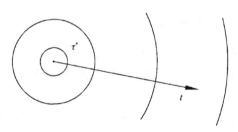

图 8-1　延迟方程的物理意义

　　当观测点 X 确定后，桨叶表面上的每一个声源基元都可以用延迟方程（8-12）求出其延迟时，但在亚音速与超音速条件下的情况有所不同。对于以速度 V 相对于固定坐标系运动的点声源，当速度 V 为亚音速时，该点声源在空气介质中所产生的声场将表现为一族向外传播的互不相交的球面波波阵面，即前一时刻由此点声源所发射的球面波波峰面必将包围后一时刻所发射的球面波波峰面，两个同心球面将不会相交，如图 8-1 所示。只要延迟时间足够长，点声源所发射的声波就可以到达空间任何位置。因此，对于固定于观测点处的每一个观测时间，一定会有一个唯一的解，且满足条件。超音速声源的情况有所不同，限于篇幅，不再展开讨论。

5. 三套坐标系

如图 8-2 所示，本节介绍的数值方法涉及三套坐标系。其中，主要的是固定于地面的固定坐标系与随桨叶一起旋转的随叶坐标系。观测点多在固定坐标系内给出，但为了求解声压，进行积分时需考虑到桨叶上的全部声源分布。因此，使用随叶坐标系要方便得多。具体积分方法是在给定观测时刻与观测点的条件下，对每个声源基元求出其延迟时，然后在固定坐标系上确定声源时刻、该声源点的几何位置与运动状态，最后通过变换回到随叶坐标系上进行曲面积分。

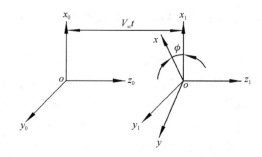

图 8-2　三套坐标系的关系

8.1.2　螺旋桨气动声学的数值计算

前已述及，螺旋桨噪声可分为两大部分，即宽带噪声和离散噪声。宽带噪声是叶片上作用随机脉动力的结果，通常用半经验方法进行估算。这里重点介绍离散噪声的计算研究概况。

离散噪声由厚度噪声、负荷噪声和非线性噪声构成。离散噪声通常是直接从桨叶的运动和载荷出发进行计算。对于离散噪声的计算，目前原则上有两类方法。

第一类方法为 Lighthill 声模拟法。以时域方法为例，基于 FW-H 方程，即

$$\frac{1}{a^2}\cdot\frac{\partial^2}{\partial t^2}\big[P\cdot H(f)\big]-\nabla^2\big[P\cdot H(f)\big]$$
$$=\frac{\partial^2}{\partial x_i\partial x_j}\big[T_{ij}\cdot H(f)\big]-\frac{\partial}{\partial x_i}\bigg[P_{ij}\frac{\partial f}{\partial x_j}\delta(f)\bigg]+\frac{\partial}{\partial t}\bigg[\rho_0\upsilon_n\delta(f)\frac{\partial f}{\partial x_i}\bigg] \quad (8\text{-}13)$$

式中，$T_{ij}=P_{ij}+\rho_{u_iu_j}-a^2\rho'\delta_{ij}$。忽略四极子效应并将空间差分转换为时间差分后可得用于数值计算的公式[1]：

$$4\pi P'(x,t)=\int_{f=0}\bigg(\frac{\bar{P}Q_1}{cr}\bigg)_{\tau^*}\mathrm{d}s+\int_{f=0}\bigg(\frac{\bar{P}Q_2}{r^2}\bigg)_{\tau^*}\mathrm{d}s \quad (8\text{-}14)$$

式中，$\overline{P}$ 为桨叶上基元的平均压强；$Q_1 = \dfrac{\Omega\left(n_1\hat{r}_2 - n_2\hat{r}_1\right)}{\left(1 - M_r^2\right)^2} + \dfrac{\Omega\cos\theta\left(M_1\hat{r}_2 - M_2\hat{r}_1\right)}{\left(1 - M_r^2\right)^3}$；

$Q_2 = \dfrac{\left(1 + M_r\right)\cos\theta - M}{\left(1 - M_r\right)^2} + \dfrac{\left(M_r^2 - M^2\right)\cos\theta}{\left(1 - M_r\right)^3}$，其中 n_1、n_2 为物面单位法向量，$\hat{r}_1$、$\hat{r}_2$

为传播方向的单位矢量。注意，这个公式成立的条件是①匀速飞行；②匀角速度旋转；③Ω 与飞行速度平行。

式（8-14）的积分是在整个桨叶表面上进行的。对于空间内的一个观测点 X，每个声源基元所对应的被积函数都被分别取为各自在其声源时刻，即 τ 时刻的值。式（8-14）积分的物理意义是在桨叶表面上的无限多个声源基元对于观测点影响的总叠加，即在观测点处所感受的声压是所有这些声源基元在各自不同的声源时刻，即 τ^* 时刻所发射的，然而却在 t 时刻同时到达同一观测点 X 处的全部压力波的总和。

当给定某一副螺旋桨的具体几何形状、桨叶表面的压力分布数据、螺旋桨转速、飞机匀速飞行速度和大气条件等数据后，可以使用前文所讨论的数学模型进行具体的数值计算，以求出自由声场中任一观测点位置处的声场数据，包括声压级、声压频谱和波形。

第二类方法为（直接）CFD 方法或计算气动声学（computational aeroacoustics，CAA）方法。目前，近场噪声可通过直接求解 N-S 方程从而求出压力脉动，即得到噪声值。计算远场噪声可用基尔霍夫（Kirchhoff）方法。该方法实质是把非线性近场的数值计算结果，拓展到线性的声学远场，即在桨叶的周围取一控制面，这一控制面应取得足够大，把非线性区包含其中。由于流动的非定常可压缩空气动力计算隐含地包括了声的辐射项，由此计算得到的控制面上的压力和速度自然反映了非线性近场噪声的影响。然后，用基尔霍夫方法把控制面上的压力和速度与远场噪声联系起来，求得控制面外任意点的辐射声场。

两类方法的优劣，目前还有不同的看法。例如，Boyd 等[47]认为，Lighthill 声模拟法（FW-H 方程法）比 Kirchhoff 方法要略微好一点；Jaeger 等[48]却提到 Kirchhoff 方法有一定的优势。值得注意的是文献[1]提出，今后的研究方向不在于发明更多的方法，而在于如何在具体问题上确定选用何种方法或统一各种已有方法的特长。

8.1.3　螺旋桨气动声学的试验研究

在试验研究方面，根据研究目的的不同，在测量螺旋桨噪声强度时将噪声分为近场噪声和远场噪声。近场噪声一般是指机身附近、螺旋桨桨盘平面内若干点的噪声。远场噪声是指距离螺旋桨比较远处的噪声，一般以起飞、着陆和试车状态的实际情况进行定义和测试。

根据测试方法的不同，螺旋桨气动声学的试验研究也可大致分为两大类：

一类是实地测量或飞行中测量，即在机场指定地点布置传声器，测量飞机给定状态的噪声，或在飞机上布置传声器，在飞行中直接测量噪声。

另一类是在风洞中进行螺旋桨的声学测量，这种方法既经济又快捷。但是这种声学试验比测定气动力性能困难得多。其最大问题是风洞背景噪声及洞内洞壁回声问题，会严重干扰螺旋桨本身固有声场的测定。近代的声学风洞都进行过特殊的声学处理。

下面简要介绍风洞试验方法。

要研究噪声问题，需要知道噪声源的基本情况和噪声传播的规律。具体地说，建立螺旋桨声学风洞就是要测定螺旋桨发声的声功率级、指向性、近场和远场指定点的声压级等。为了测出这些数据，文献[2]指出，风洞需要满足两方面的要求：①在空气动力学性能方面，要求有适当的马赫数、雷诺数和良好的流场品质；②在声学性能方面，要求达到无反射的自由场，最低量级的背景噪声和远场声测量的足够距离。

国际上，比较著名的、可以开展螺旋桨气动声学试验研究的大型风洞主要有德荷 DNW_LLF 风洞和美国 Ames 的 80×120ft（1ft$=3.048 \times 10^{-1}$m）风洞。DNW_LLF 风洞为开口试验段风洞，其特点是常规开口试验段被巨大的消声室所围绕。美国 Ames 的 80×120ft 风洞是一个回流闭口试验段风洞，试验段四壁则采用较厚的吸声内衬吸收声能。

在国内，西北工业大学于 2004 年在 NF-3 风洞中率先建立了螺旋桨气动声学试验段。NF-3 风洞是直流式闭口试验段风洞，具有二元、三元和螺旋桨试验段。其使用螺旋桨试验段时的情形如图 8-3 所示。该试验段横截面为正八角形，对边距离为 2.2m，试验段长为 6m，空风洞最大风速为 145m/s。无反射自由声场采用艾菲尔式消声室实现。如图 8-4 所示，艾菲尔式消声室是由开孔透声的内洞壁和带消声尖劈的外驻室组成的。消声尖劈的结构尺寸参见图 8-5。

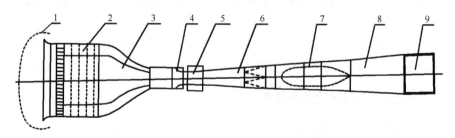

1. 百叶窗；2. 静流段；3. 第一收缩段；4. 第二收缩段；
5. 螺旋桨试验段；6. 第一扩散段；7. 动力段；8. 第二扩散段；9. 排气消声塔

图 8-3　NF-3 风洞示意图（使用螺旋桨试验段）

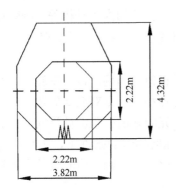

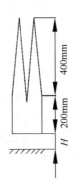

图 8-4 螺旋桨试验段横截面示意图 　　图 8-5 消声尖劈的结构尺寸示意图

图 8-6 为 NF-3 风洞螺旋桨段的声学性能部分典型试验结果。可以看到，其截止频率达到 100Hz 以下，完全满足螺旋桨气动噪声测试的条件。

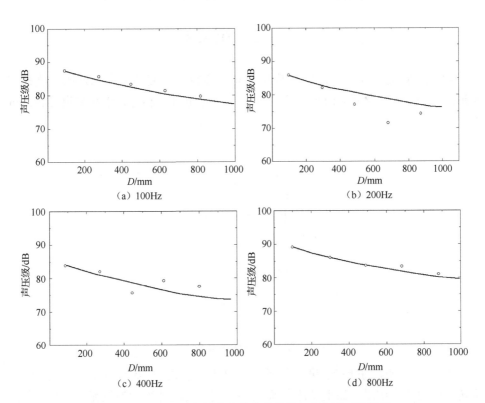

图 8-6 NF-3 风洞螺旋桨段的声学检测部分典型试验结果

横坐标为径向距离，"线"为理论上应达到的值，"圈"为实测结果

随着对螺旋桨气动噪声问题的重视，国家也持续加大了对相关风洞建设的投入。目前，国内相关研究机构也已经具备或将逐步具备螺旋桨气动噪声测试的工作条件。

螺旋桨噪声测量中需要特别重视气动声学相似的问题。按照螺旋桨的空气动力学相似理论，要保证模型与实物滑流场对应点相同，则对应螺旋桨上任一微元叶素上的升力系数或阻力系数相等。显然，微元叶素的升阻特性相同，则必然两个螺旋桨总的拉力系数和扭转系数相等。在几何相似的条件下，如果叶片的马赫数、雷诺数、弹性变形、桨叶安装角和前进比相同，则对应叶素的升阻特性也相同。

再由螺旋桨的发声机理可知，一般情况下，螺旋桨的噪声以离散噪声为主。螺旋桨离散噪声与桨叶的厚度、载荷分布和四极子噪声有关，究其主要原因是厚度噪声和载荷噪声。在能够完全模拟桨尖马赫数的条件下，当几何相似和前进比相等同时满足时，螺旋桨的气动噪声特性也近似是相等的[8]。

8.2　对转螺旋桨

对转螺旋桨是几何上同轴、桨盘轴向距离较近、旋转方向相反的一类螺旋桨形式，如图 8-7 所示。两个桨盘的直径可相等也可不相等，桨叶数也可相同或不同。

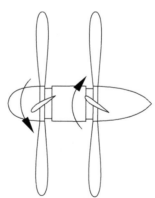

图 8-7　对转螺旋桨

由对转螺旋桨的叶素速度三角形（图 8-8）可知，气流经过左侧叶素下游有旋转方向的速度增量。如果设计合理，经过下游/右侧叶素后的气流可以减少甚至没有旋转速度，仅有轴向速度。这样，对于整个系统，气流旋转造成的能量损失达到最小，是一种高效的螺旋桨形式。

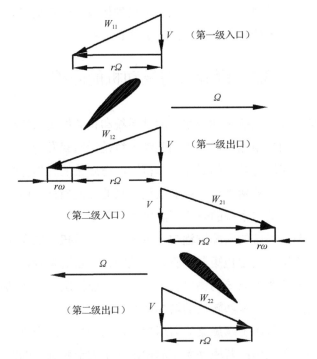

图 8-8　对转螺旋桨的叶素速度三角形

　　然而，研究表明（第 3 章已述及）螺旋桨滑流中气流旋转带走的能量，占螺旋桨能量损失的很少一部分，根据旋转速度不同而有所不同。如果设计和制造非常精准，减少部分能量损失还是有希望的。但是，由于工况的复杂及制造和使用过程中不确定因素过多，期望通过对转的形式提高气动效率要冒很大的风险。因此，在提高空气动力学效率方面，不建议抱过多希望。

　　不过，对转螺旋桨的形式有另外一个突出的优点。由于两个桨盘旋转方向相反，相比一般的螺旋桨，动力系统对整个飞行器引起的反向旋转惯性矩较小，在动力学和控制方面带来较多好处。如果实现对转形式的复杂程度和可靠性能够被接受，对转螺旋桨的形式还是可以尝试的。

　　带涵道的对转螺旋桨是一种比较极端的例子，如图 8-9 所示。

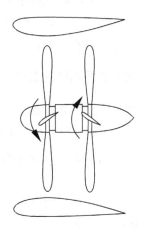

图 8-9　对转涵道螺旋桨

从理论上讲，在低速大推力飞行状态下这种构型有一定优势。当然，结构复杂、质量大也是其突出的缺点。示意图仅供读者参考。

8.3　螺旋桨与发动机的匹配

无人机螺旋桨动力系统由螺旋桨、驱动系统和相关控制系统组成。螺旋桨的转动需要驱动系统的扭矩输入，常用的驱动系统是活塞式发动机、转子发动机或电动机等，它们工作时有各自的最佳工作范围。螺旋桨的工作特性也与飞行速度及转速等密切相关。尽管两者可能都能达到较高的性能指标，但是如果不能很好地匹配，整个螺旋桨动力系统的效能可能仍然非常低下。

在螺旋桨与驱动系统的匹配过程中，首要考虑的是扭矩的匹配。也就是说，给定转速点上螺旋桨的需用扭矩要和驱动系统的输出扭矩相等，即给定工作点上螺旋桨的需用功率和驱动系统的输出功率相等。一般情况下，驱动系统的输出功率及螺旋桨的需用功率都是随转速的增加而增加，只是增加的幅度有较大不同。若驱动系统的输出功率小于螺旋桨的需用功率，则动力系统带不动螺旋桨，即螺旋桨不可能在该点上工作；若驱动系统的输出功率大于螺旋桨的需用功率，则螺旋桨会增加转速直至两者功率相等。理想的匹配状态应该是螺旋桨的设计工作点与驱动系统的最佳工作点刚好匹配。

由于无人机动力系统中活塞发动机占绝大多数，因此本节主要以活塞发动机为例说明螺旋桨与发动机的匹配方法。

还需要说明，本节所介绍的活塞发动机与螺旋桨的匹配是在螺旋桨气动设计初步方案确定以后，即已经有了螺旋桨气动性能的初步结果，对给定无人机和所选发动机的性能进行匹配验证和评价。

8.3.1　活塞式发动机的工作性能

从螺旋桨的使用角度，发动机的性能指标主要是有效功率和燃油消耗率。发动机的工作性能是指有效功率和单位燃油消耗率随着发动机转速、进气压力、飞行高度和油气比变化而变化的规律。本节以林巴赫 L275EF 发动机为例进行简要介绍。

如图 8-10 所示，随着发动机节气门开度逐渐增大，发动机有用功率逐渐增大，燃油消耗率逐渐增大。

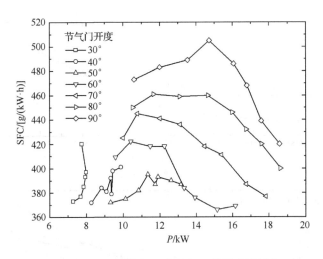

图 8-10　不同节气门开度情况下的燃油消耗率

发动机能够用来带动螺旋桨的功率称为有效功率。在发动机可使用的转速范围内，通常发动机的转速增加，有效功率也增加。进气压力增加或进气温度降低，会使发动机的填充量增加，有效功率增加。节气门通常与发动机油门联动，节气门开度大，供油量大，发动机的有效功率就大。

燃油消耗率定义为 1 小时内产生单位有效功率所消耗的燃油质量，用 SFC 表示。影响 SFC 的因素主要是混合的余气系数和机械损失。燃油消耗率是描述发动机经济性的主要参数之一。随着发动机的工作转速和节气门开度不同，每种型号的发动机存在不同的高效工作范围。

8.3.2　螺旋桨与发动机匹配的作图法

理想的匹配工作应该先在纸面上进行，然后在可变压强的风洞中进行验证。然而，可变压强的风洞试验很难完成。因此，本书建议至少先在纸面上进行，并在常规直流式低速风洞中进行地面特性匹配调整与验证。

螺旋桨与发动机的匹配工作用作图法比较方便。首先，画出在给定高度和给定节气门开度的条件下，发动机功率与转速、油耗与转速的曲线。其次，在相同高度选定飞行速度时，绘出螺旋桨需用功率与转速、推力与转速的关系曲线（若为变矩桨，这里应先假定一个桨叶安装角，下同）。在转速功率关系图中，发动机和螺旋桨对应的两条曲线的交点，即螺旋桨与发动机的匹配工作点。如图 8-11 所示，图中交点对应某型螺旋桨使用 XX 型发动机时节气门开度为 70° 的工作点，由对应转速 6000r/min 可查出螺旋桨的推力 [图 8-11（a）] 和发动机油耗 [图 8-11（c）]。

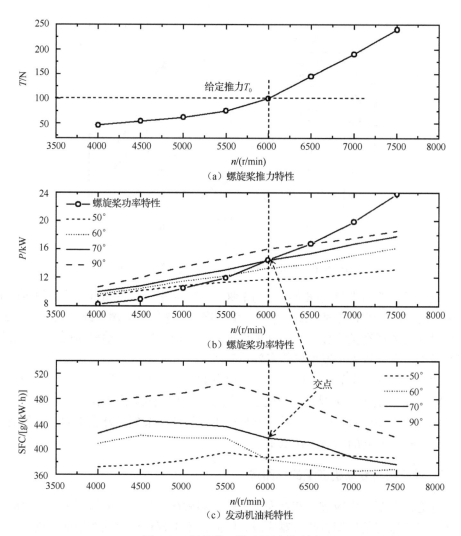

(a) 螺旋桨推力特性

(b) 螺旋桨功率特性

(c) 发动机油耗特性

图 8-11　螺旋桨、发动机匹配示例

8.3.3　螺旋桨与发动机匹配情况的评价

8.3.2 小节介绍了螺旋桨与发动机匹配的基本方法。如果在有若干个可选螺旋桨方案或是采用变矩桨的情况下，为了使动力系统性能最佳，还需要对可能的匹配进行评价和选择。本节主要推荐动力性评价和经济性评价两个指标。

1. 动力性评价

无人机对推进系统最直接的需求是"预定飞行速度下的驱动力"。因此，动力性评价是螺旋桨与发动机匹配合理程度的重要衡量标准，具体可分为以下三点：

（1）在给定转速点上，驱动系统的输出功率能否达到螺旋桨的需用功率。

从发动机特性曲线上，可以看到发动机在给定转速下所能提供的最大功率（即发动机最大油门特性曲线，或称外特性曲线）。若在某个转速下，螺旋桨的需用功率大于发动机最大功率，则螺旋桨不能在该点工作，需要重新进行设计或调整安装角。

（2）在驱动系统的输出功率满足螺旋桨工作点要求的情况下，是否具有足够的推力储备。

螺旋桨需用功率曲线与发动机外特性曲线的交点，代表该螺旋桨能达到的最大转速和最大推力。该最大推力与设计点需用推力的差量为推力储备，即可通过增加转速来增加推力的能力。

（3）螺旋桨动力系统能否发挥出发动机的最大功率。

所选螺旋桨能够发挥出发动机的最大功率是最理想的情况。由于发动机的质量与发动机的功率通常呈正比例关系，如果发动机未达到最大输出功率，即发动机功率被"浪费"，飞机承载了额外的重量，则匹配并非最理想的结果。

2. 经济性评价

经济性评价标准是指对推进系统运行成本的评价标准。实际工作中，推进系统的运行成本主要是油耗值。对于不同的螺旋桨或同一个螺旋桨不同的桨距角，在相同的推力需求下，发动机的运转转速和节气门开度不一样，较重的螺旋桨可能需要发动机在低转速、大油门下驱动，而较轻的螺旋桨则需要发动机在高转速、小油门下驱动。合理地匹配螺旋桨与发动机系统能够在满足工作需要的情况下，有效减小油耗，从而降低运行成本。相关的评价标准如下。

1）等功率推力输出值

该标准是指在同等功率输出的情况下，推进系统的推力输出值。推力输出值越大，则推进系统性能越高。

2）等油耗推力输出值

该标准是指在同等油耗条件下，推进系统的推力输出值。同样，推力输出值越大，则推进系统性能越高。

3）等推力油耗值

该标准是指在同等推力输出条件下，发动机的油耗值。油耗值越小，则推进系统的经济性越好。

　　上述三个经济性标准是推力、功率和油耗两两之间的关系，在同一个螺旋桨和同一台发动机组成的推进系统上其实是同一个标准。从实用角度，推荐选择等推力油耗值标准。推力需求是无人机维持工作状态和改变工作状态的直接需求，很容易得到。对于一个给定的推力需求，可以通过螺旋桨推力特性曲线得到对应的工作转速。耗油率是单位功率和单位时间的耗油量，所以当需要计算实际耗油量时，还需知道当时的功率。可在螺旋桨-发动机特性曲线族上找到该转速下对应的油门与功率，将该油门和转速对应的耗油率与功率相乘即可得到单位时间内推进系统在给定推力下的耗油量。相同推力下，单位时间内耗油量较小的推进系统更为经济。

3. 综合评价标准及方法

　　从研制和使用角度，动力性评价标准和经济性评价标准是推进系统的两大类评价标准，为了满足无人机系统的最优目标，需要综合的评价标准，本节提出一种将两类标准统一起来的综合评价标准。需要说明，这里只讨论给定巡航高度、巡航速度时定距螺旋桨的螺旋桨与发动机的匹配标准。飞行全剖面的情形，可参考文献[49]提出的原则逐段应用本节提出的方法。

　　一般情况下，对于给定的推进系统，两类评价标准同时达到最优是不现实的。为了解决该问题，本节将参考多目标最优化问题数学模型的解决办法。

　　多目标最优化问题数学模型的典型形式为

$$
\begin{aligned}
& \min f_1(\boldsymbol{x}) \quad \boldsymbol{x}=[x_1, x_2, \cdots, x_n]^{\mathrm{T}} \\
& \min f_2(\boldsymbol{x}) \\
& \qquad \vdots \\
& \min f_q(\boldsymbol{x}) \\
& \text{s.t.} \quad g_i(\boldsymbol{x}) \geqslant 0 \quad (i=1,2,\cdots,m) \\
& \qquad\quad h_v(\boldsymbol{x}) \geqslant 0 \quad (v=1,2,\cdots,p)
\end{aligned}
\tag{8-15}
$$

式中，$\min f(\boldsymbol{x})$ 为分目标函数的最小值；$g(\boldsymbol{x})$ 和 $h(\boldsymbol{x})$ 为问题的不同约束（下同）。它们在求极小值的过程中，各分目标的优化往往互相矛盾，所以需要在各分目标 $f_1(\boldsymbol{x}), f_2(\boldsymbol{x}), \cdots, f_q(\boldsymbol{x})$ 的最优值之间进行协调，互相做出一些"让步"，以便取得一个比较好的整体最优方案。因此，多目标最优化问题一般转化为单目标问题来求解。其实质就是将式（8-15）中各个分目标函数 $f_1(\boldsymbol{x}), f_2(\boldsymbol{x}), \cdots, f_q(\boldsymbol{x})$ 统一到一个总的目标函数（又称为"统一目标函数"）$f(X)$ 中去，令

$$f(X) = f\left\{ f_1(\boldsymbol{x}), f_2(\boldsymbol{x}), \cdots, f_q(\boldsymbol{x}) \right\}$$

$$\min \quad f(X)$$

$$\text{s.t.} \quad g_i(X) \geqslant 0 \qquad (i = 1, 2, \cdots, m) \tag{8-16}$$

$$\qquad\quad h_v(X) \geqslant 0 \qquad (v = 1, 2, \cdots, p)$$

从而将式（8-16）的问题转化为下面的单一目标函数最优化问题。求解这种优化问题的方法主要有主要目标法、线性加权法和理想点法等，三种求解方法各有优缺点。

主要目标法是在所有指标中选出一个最重要的指标作为目标函数，其他指标只要指定一个范围，转化成约束条件即可。典型数学表达式如下：

$$\min \quad f_z(X)$$

$$\text{s.t.} \quad g_u(X) \leqslant 0 \qquad (u = 1, 2, \cdots, m)$$

$$\qquad\quad h_v(X) = 0 \qquad (v = 1, 2, \cdots, p) \tag{8-17}$$

$$\qquad\quad f_i^1 \leqslant f_i(X) \leqslant f_i^2 \quad (i = 1, 2, \cdots, q, i \neq z)$$

式中，f_i^1、f_i^2 分别为目标函数 $f_i(X)$ 取值的下限和上限；q 为单目标函数的个数；z 为主目标。主要目标法的最大优点是简单，但综合性不够强。

线性加权法是每个子目标给定权重因子，从而构成一个单一指标。由 q 个目标函数构成如下综合评价函数：

$$\sum_{i=1}^{q} w_i = 1 \cdot f(X) = \sum_{i=1}^{q} w_i f_i(X) \tag{8-18}$$

和如下单目标最优化约束问题：

$$\min \quad f(X) = \sum_{i=1}^{q} w_i f_i(X)$$

$$\text{s.t.} \quad g_u(X) \leqslant 0 \quad (u = 1, 2, \cdots, m) \tag{8-19}$$

$$\qquad\quad h_v(X) = 0 \quad (v = 1, 2, \cdots, p)$$

并以此问题的最优解作为原多目标问题的一个相对最优解，这就是求解多目标问题的线性加权法。式中，$w_i(i=1,2,\cdots,q)$ 为反映各个分目标重要性的一组系数，称为权重因子。一般情况下，有

$$\sum_{i=1}^{q} w_i = 1 \tag{8-20}$$

线性加权法尽管比较全面，但权重因子的给定不易客观和实用。

理想点法是在给定系统的条件下，将每个单一目标能够达到的最理想状态构成权重因子。数学表达式如下：

$$\min \quad f(X) = \sum_{i=1}^{n} \frac{f_i(X) - f_i(X^*)}{f_i(X^*)}$$
$$\text{s.t.} \quad g_u(X) \leqslant 0 \quad (u = 1, 2, \cdots, m)$$
$$h_v(X) = 0 \quad (v = 1, 2, \cdots, p)$$
(8-21)

式中，$f_i(X^*)$ 是以第 i 个分目标为目标函数所构成的单目标问题的最优解。可以证明，此问题的最优解是最接近完全最优解的有效解，故称这种方法为求解多目标最优化问题的理想点法。

在式（8-21）的基础上引入权重因子，并取

$$f(X) = \sum_{i}^{q} w_i \left| \frac{f_i(X) - f_i(X^*)}{f_i(X^*)} \right|$$
(8-22)

作为新的评价函数，构成如下多目标最优化问题：

$$\min \quad f(X) = \sum_{i}^{q} w_i \left| \frac{f_i(X) - f_i(X^*)}{f_i(X^*)} \right| = \sum_{i}^{q} w_i k_i(X)$$
$$\text{s.t.} \quad g_u(X) \leqslant 0 \quad (u = 1, 2, \cdots, m)$$
$$h_v(X) = 0 \quad (v = 1, 2, \cdots, p)$$
(8-23)

可以看出，理想点法既保证了目标的综合性，又具有更好的客观性和可操作性。本节推荐采用该方法构成评价标准进行螺旋桨与发动机匹配评价。具体做法如下：

将发动机的输出功率能满足螺旋桨的需用功率作为约束条件，其余三个（推力储备、最大功率使用情况和等推力油耗）作为分目标。在给定巡航高度和巡航速度的条件下，定义 $f_1(X)$、$f_2(X)$、$f_3(X)$ 分别为表征等推力油耗、推力储备和最大功率使用情况的函数。

1）等推力油耗

在权重因子的选取方面，等推力油耗无疑是大多数无人机最看重的指标，它与螺旋桨推进无人机巡航的能力和效率密切相关，建议权重因子取 0.7。

等推力油耗的计算方法：①选发动机的最经济油耗点为理想油耗点；②根据螺旋桨的轴向动量理论，结合螺旋桨的直径 D 及工作推力，求出推力系数；③根据推力系数计算出理想效率，进一步得到理想功率；④根据理想功率与理想油耗计算出该巡航状态下的最佳等推力油耗值；⑤根据实际的工作推力、油耗与功率计算出不同方案的实际等推力油耗。

为了便于读者使用，再次介绍功率系数 P_C、推力系数 T_C 与理想效率的关系。

螺旋桨的功率系数 P_C 和推力系数 T_C 定义如下：

$$\begin{cases} P_C = \dfrac{P}{\dfrac{1}{2}S\rho V^3} \\[4mm] T_C = \dfrac{T}{\dfrac{1}{2}S\rho V^2} \end{cases} \tag{8-24}$$

式中，P 为螺旋桨需用功率；T 为螺旋桨的推力；S 为桨盘面积；ρ 为空气密度；V 为巡航速度。

功率系数 P_C 与理想效率 η_1 和推力系数 T_C 满足如下关系：

$$\begin{cases} \dfrac{P_C}{4} = \dfrac{1-\eta_1}{\eta_1^2} \\[4mm] \dfrac{T_C}{4} = \dfrac{1-\eta_1}{\eta_1^2} \end{cases} \tag{8-25}$$

2）推力储备

推力储备是影响无人机机动能力的重要指标，建议权重因子取 0.2。推力储备的计算方法：①选取发动机的最大可用功率；②求出螺旋桨的功率系数和理想效率；③在给定巡航速度下计算出理想推力作为最大推力；④最大推力与巡航推力做差得出理想推力储备；⑤查图得到螺旋桨的极限推力，与巡航推力做差得出实际的推力储备。

3）最大功率使用情况

最大功率使用情况是可以判断螺旋桨对发动机能力发挥的经济性评价标准，建议权重因子取 0.1。理想最大功率取该发动机最大可用功率。

由此，本节建议的综合评价标准如下式所示：

$$\min \quad f(X) = 0.7 \times \left| \frac{f_1(X) - f_1(X^*)}{mf_1(X^*)} \right| + 0.2 \times \left| \frac{f_2(X) - f_2(X^*)}{f_2(X^*)} \right|$$

$$+ 0.1 \times \left| \frac{f_3(X) - f_3(X^*)}{f_3(X^*)} \right|$$

$$= 0.7 \times k_1(X) + 0.2 \times k_2(X) + 0.1 \times k_3(X) \tag{8-26}$$

式中，$f_1(X^*)$ 为最佳等推力油耗，等推力油耗与其他标准的理想趋势相反，故引入系数 m，m 为系列方案中 $\left| \frac{f_1(X_i)}{f_1(X^*)} \right|$ 向下取整的最大值，以保证 $k_1(X)$ 的评分在 $(0,1)$，且不改变比例关系；$f_2(X^*)$ 为理想推力储备；$f_3(X^*)$ 为理想最大功率。这里略去了约束条件，默认评估的方案均基本满足使用要求。

4. 实例与讨论

下面以某型无人机实际选用的 1 台活塞式发动机与 3 个螺旋桨方案在巡航高度为海平面，巡航速度为 50m/s，推力为 170N 的状态下进行匹配的实例说明本节提出的评价标准与评价方法的可用性。

螺旋桨的基本参数如下：三个螺旋桨的桨盘直径均为 0.76m；对应发动机的转速分别为 5500r/min、6000r/min、6500r/min；三个螺旋桨在设计点的效率分别为 82.51%、82.66%、82.74%，三者的效率相当。

发动机的基本参数如下：发动机的最低耗油率为 366g/（kW·h），对应转速为 4000r/min；最大输出功率为 18.58kW，对应转速为 7500r/min。

从图 8-12 中可以看到，发动机在螺旋桨 1、2、3 的推力需求为 170N 时的工作转速下，其功率特性曲线均与螺旋桨有交点，即能满足螺旋桨的需用功率。

以螺旋桨 1 为例进行 $f(X)$ 的计算：

查图 8-12 可知，发动机的最低耗油率为 366g/（kW·h），工作状态下的推力为 170N，结合桨盘直径，根据式（8-24）可得到推力系数 T_C 为 0.2398，代入式（8-25）可解得理想效率 η_1 为 94.63%。根据功率、推力与效率的关系即可得到该巡航状态下的理想功率：

$$\frac{TV}{P} = \eta \tag{8-27}$$

计算得发动机在该巡航状态的理想功率为 8.98kW，该方案的理想等推力油耗为 19.33g/（N·h）。

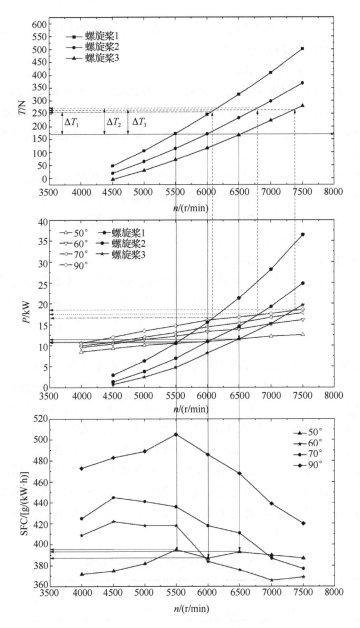

图 8-12　螺旋桨-发动机匹配评价示意图

查图 8-12 得到螺旋桨 1 在工作点的耗油率为 395.67g/（kW·h），功率为 10.74kW，故螺旋桨 1 的等推力油耗为 25.00g/（N·h）。同理可得，螺旋桨 2 在工作点的耗油率为 387.01g/（kW·h），功率为 10.89kW，计算得等推力油耗为 24.79g/（N·h）；螺旋桨 3 在工作点的耗油率为 393.39g/（kW·h），功率为 11.47kW，计算得等推力油耗为 26.54g/（N·h）。

以上数据代入式（8-26）可得，螺旋桨 1、2、3 的等推力油耗评分 $k_1(X_1)$、$k_1(X_2)$、$k_1(X_3)$ 分别为 0.293、0.282、0.373。

下面进行推力储备的计算：

查图 8-12 得到发动机的最大可用功率为 18.58kW，代入式（8-24）求出功率系数 P_C 为 0.5243，代入式（8-25）可解得理想效率 η_1 为 90.34%，则可由式（8-27）计算得到给定速度下的最大推力为 335.70N。与巡航推力做差得到理想的推力储备为 165.7N。

查图 8-12 可知，螺旋桨 1 的极限工作推力为 259.49N，故螺旋桨 1 的推力储备为 89.49N。同理，螺旋桨 2 的极限工作推力为 271.27N，推力储备为 101.27N；螺旋桨 3 的极限工作推力为 264.20N，推力储备为 94.20N。

以上数据代入式（8-26）可得，螺旋桨 1、2、3 的推力储备评分 $k_2(X_1)$、$k_2(X_2)$、$k_2(X_3)$ 分别为 0.460、0.389、0.432。

最后，发动机的最大可用功率为 18.58kW，计算表明（本书直接引用，未给出计算过程），在整个飞行包线内，螺旋桨 1 所能发挥的最大功率为 17.94kW，螺旋桨 2 所能发挥的最大功率为 17.83kW，螺旋桨 3 所能发挥的最大功率为 18.49kW。

以上数据代入式（8-26）可得，螺旋桨 1、2、3 的最大功率使用情况评分 $k_3(X_1)$、$k_3(X_2)$、$k_3(X_3)$ 分别为 0.034、0.040、0.005。将三项评分赋予给定的权重因子，即可得到最终的评分。螺旋桨 1、2、3 的最终评分 $f(X_1)$、$f(X_2)$、$f(X_3)$ 分别为 0.3005、0.2792、0.3480，具体结果见表 8-1。从表 8-1 的评分结果可以看出，给定飞行条件下，发动机的输出功率满足三个方案的螺旋桨需求功率，在给定权重因子等推力油耗为 0.7，推力储备为 0.2，最大功率满足情况 0.1 的条件下，螺旋桨 2 方案为最优方案，螺旋桨 1 方案略差于前者，螺旋桨 3 方案最差。采用本节提出的评价标准和方法将三个性能相近的方案定量地进行了评价，结果如表 8-1 所示，为合理选择方案提供了依据。

表 8-1　螺旋桨与发动机匹配评价结果

权　重	$w_1=0.7$	$w_2=0.2$	$w_3=0.1$	$f(X)$
评　分	$k_1(X)$	$k_2(X)$	$k_3(X)$	
螺旋桨 1	0.293	0.460	0.034	0.3005
螺旋桨 2	0.282	0.389	0.040	0.2792
螺旋桨 3	0.373	0.432	0.005	0.3480

为了便于读者设计参考使用，书后附录 3 额外提供了一台低转速发动机性能数据。

8.4　展　　望

经过近百年的研究，除特殊情况外，螺旋桨的空气动力学设计技术已经基本成熟，但是作为完整的螺旋桨产品设计，至少在以下三个方面还有很长的路要走。

1）无人机本体与动力系统的一体化设计技术

螺旋桨的空气动力学特性受外界流场的影响非常大。通常在螺旋桨上游、下游附近的部件有机身、发动机整流罩、操纵面等，它们在不同的工况下引起的流场变化，直接影响了螺旋桨工作的环境。螺旋桨的滑流也会对附近的部件产生复杂的气动力影响。两者的互相干扰是非线性的、复杂的。只有大力发展无人机本体与动力系统的一体化设计技术，才有可能进一步提高飞行器的整体性能。

2）考虑防/除冰、防雨和噪声的螺旋桨设计技术

无人机在执行任务的过程中，不可避免地需要考虑桨叶结冰和防雨的问题。由于通常无人机螺旋桨的尺寸较小，不能直接采用大型螺旋桨的成熟技术。因此，在空气动力学设计时需要尽量在外形上给防/除冰和防雨结构留出空间，这对空气动力学的设计提出了严峻的挑战。考虑噪声指标时也一样，要噪声低，就必须厚度噪声小、负荷噪声小，这要求桨叶要薄，压力峰值要低。这些指标大多相互矛盾。因此，必须突破考虑防/除冰、防雨和噪声设计技术的瓶颈。从现实的情况看，必须在翼型的设计阶段就开始综合考虑。

3）螺旋桨结构与空气动力的一体化设计技术

螺旋桨的空气动力学性能是靠桨叶外形保证，桨叶的外形是靠桨叶的结构保证。桨叶的受力情况是结构和材料的设计输入条件。结构受力以后变形又会改变桨叶的受力。飞机机翼上的力学问题包括结构强度问题、颤振问题及噪声与结构的耦合问题，在螺旋桨的设计使用中同样存在，甚至更复杂。这要求能够考虑结构、噪声和气动问题等的多学科一体化设计技术能够进一步发展和推广使用。

参 考 文 献

[1] АЛЕКСАНДРОВ В Л. 空气螺旋桨[M]. 王适存, 等, 译. 北京: 高等教育出版社, 1954.

[2] 周盛, 顾高墀, 潘杰元, 等. 航空螺旋桨与桨扇[M]. 北京: 国防工业出版社, 1994.

[3] 方宝瑞. 飞机气动布局设计[M]. 北京: 航空工业出版社, 1997.

[4] 高永卫, 孟宣市, 肖春生. 实验流体力学基础[M]. 2 版. 西安: 西北工业大学出版社, 2011.

[5] 魏瑞轩, 李学仁. 无人机系统及作战使用[M]. 北京: 国防工业出版社, 2009.

[6] LOCK C N H, YEATMAN D. Tables for use in an improved method of airscrew strip theory calculation[R]. Aeronautical Research Committee, Report & Memoranda No. 1674, 1934.

[7] 李俊超, 余文龙. 轴流压缩机原理与气动设计[M]. 北京: 机械工业出版社, 1987.

[8] 高永卫. 螺旋桨噪声特性风洞实验和数值模拟技术研究[D]. 西安: 西北工业大学, 2004.

[9] CEBECI T. 工程计算流体力学[M]. 符松, 译. 北京: 清华大学出版社, 2009.

[10] VERSPRILLE K J. Computer aided design application of rational B-spline approximation form[D]. Syracuse: Syracuse University, 1975.

[11] PIEGL L, TILLER W. The NURBS Book[M]. New York: Springer-Verlag, 1997.

[12] 郑云. 自适应机翼构型的选择方法[D]. 西安: 西北工业大学, 2007.

[13] 梁撑刚, 郁新华, 龚军锋. 一种无人机螺旋桨的快速优化设计方法[J]. 航空计算技术, 2017, 47(2): 76-79.

[14] 刘文卿. 实验设计[M]. 北京: 清华大学出版社, 2005.

[15] 郭佳豪, 周洲, 范中允. 一种耦合 CFD 修正的螺旋桨快速设计方法[J]. 航空学报, 2020, 41(2): 67-76.

[16] 贺德馨. 风洞天平[M]. 北京: 国防工业出版社, 2001.

[17] BASS R M. Small scale wind tunnel testing of model propellers[C]. 24th Aerospace Sciences Meeting, Reno, Nevada, 1986.

[18] 徐国华. 直升机涵道尾桨与孤立尾桨的气动特性对比研究[J]. 空气动力学学报, 1995, 13(4): 420-426.

[19] 刘沛清, 鲁金华. 涵道螺旋桨气动计算的片条理论及其应用[C]. 第二十二届全国直升机年会, 保定, 中国, 2006: 65-75.

[20] 王国强, 张建华. 导管螺旋桨的非定常性能预估[J]. 船舶力学, 2002, 6(5): 1-8.

[21] 王国强, 张建华. 导管螺旋桨的升力面/面元偶合设计方法[J]. 船舶力学, 2003, 8(7): 21-27.

[22] KINNAS S A, LEE H, GU H. Numerical modeling of ducted propellers[C]. ASME 2005 Fluids Engineering Division Summer Meeting, Houston, 2005: 1115-1125.

[23] LIU X L, WANG G Q. A potential based panel method for prediction of steady performance of ducted propeller[J]. Journal of Ship Mechanics, 2006, 6(3): 26-35.

[24] CELIKL F, GUNER M, EKINCI S. An approach to the design of ducted propeller[J]. Mechanical Engineering, 2010, 17(5): 406-417.

[25] 于子文, 曹义华. 涵道尾桨的 CFD 模拟与验证[J]. 航空动力学报, 2006, 21(1): 19-24.

[26] MARC DE PIOLENC F, GEORGE E. Wright Jr. Ducted Fan Design: Volume I[M]. Scotts Valley: CreateSpace Independent Publishing Platform, 2001.

[27] 刘沛清. 空气螺旋桨理论及其应用[M]. 北京: 北京航空航天大学出版社, 2006.

[28] 刘政崇. 高低速风洞气动与结构设计[M]. 北京: 国防工业出版社, 2003.

[29] 昌泽舟. 轴流式通风机实用技术[M]. 北京: 机械工业出版社, 2005.

[30] BORST H V. Aerodynamic design and analysis of propellers for mini-remotely piloted air vehicles. Volume II. Ducted Propellers[R]. U. S. Army Aviation Research and Development Command, St. Louis, Missouri, 1978.

[31] YOU D, MITTAL R, WANG M, et al. Computational methodology for large-eddy simulation of tip-clearance flows[J]. AIAA Journal, 2004, 42(2): 271-279.

[32] MILLER K, KEY N, FULAYTER R. Tip clearance effects on the final stage of an HPC[C]. 45th AIAA/ASME/SAE/ASEE Joint Propulsion Conference & Exhibit, Denver, Colorado, 2009: 3854-3865.

[33] 李坚波. 叶梢间隙对导管桨性能的影响分析[J]. 船海工程, 2010, 39(3): 36-39.

[34] BESEM F M, KIELB R E. Influence of the tip clearance on a compressor blade aerodynamic damping[J]. Journal of Propulsion and Power, 2017, 33(1): 227-233.

[35] 邓阳平, 米百刚, 张言. 涵道风扇气动特性影响因素数值计算研究[J]. 西北工业大学学报, 2018, 36(6): 1045-1051.

[36] HUGHES C, WOODWARD R, PODBOY G. Effect of tip clearance on fan noise and aerodynamic performance[C]. 11th AIAA/CEAS Aeroacoustics Conference, Monterey, California, 2005.

[37] 许和勇, 叶正寅. 涵道螺旋桨与孤立螺旋桨气动特性的数值模拟对比[J]. 航空动力学报, 2011, 26(12): 2820-2825.

[38] 李晓华. 涵道风扇外形参数对气动特性的影响分析[D]. 长沙: 国防科学技术大学, 2014.

[39] 程钰锋, 郑小梅, 脱伟, 等. 涵道螺旋桨气动机理数值分析[J]. 直升机技术, 2021, (2): 8-15.

[40] AKTURK A, CAMCI C. Influence of tip clearance and inlet flow distortion on ducted fan performance in VTOL UAVs[C]. 66th Forum of the American Helicopter Society, Phoenix, Arizona, 2010: 111-121.

[41] PEREIRA J L. hover and wind-tunnel testing of shrouded rotors for improved micro air vehicle design[D]. City of College Park: University of Maryland, 2008.

[42] 苏运德, 叶正寅, 许和勇. 桨尖间隙和双桨间距对涵道螺旋桨气动性能的影响[J]. 航空动力学报, 2014, 29(6): 1468-1475.

[43] DING Y L, SONG B W, WANG P. Numerical investigation of tip clearance effects on the performance of ducted propeller[J]. International Journal of Naval Architecture and Ocean Engineering, 2015, 7(5): 795-804.

[44] AKTURK A, CAMCI C. Tip clearance investigation of a ducted fan used in VTOL unmanned aerial vehicles—Part II: Novel treatments via computational design and their experimental verification[C]. Proceedings of the ASME 2011 Turbo Expo: Turbine Technical Conference and Exposition, Vancouver, British Columbia, 2011: 345-357.

[45] WILLIAMS R, INGRAM G, GREGORY-SMITH D. Large tip clearance flows in two compressor cascades[C]. Proceedings of the ASME Turbo Expo 2010: Power for Land, Sea, and Air, Glasgow, 2010: 391-402.

[46] GAO Y W, ZHANG J M, WANG L, et al. A conceptual design for deflection device in VTDP system[J]. Advances in Aerodynamics, 2021, 3: 2-15.

[47] BOYD W K, PEAKE N. An approximate method for the prediction of propeller near-field effect[C]. 13th Aeroacoutics Conference, Tallahassee, Florida, 1990.

[48] JAEGER S, KORKAN K. On the prediction of far field computational aeroacoustics of advanced propellers[C]. 13th Aeroacoutics Conference, Tallahassee, Florida, 1990.

[49] 赵凯, 刘斌. 小型活塞动力无人机螺旋桨选型方法研究[J]. 航空计算技术, 2019, 49(6): 5-9.

附　　录

附录 1　SCLKY 翼型外形与性能

附图 1-1　SCLKY100 翼型外形

附表 1-1　SCLKY100 翼型坐标

x	$y_{上}$	$y_{下}$	x	$y_{上}$	$y_{下}$
0	0	0	0.3123	0.084154	-0.01578
0.000057	0.001307	-0.00131	0.352613	0.084732	-0.01445
0.000228	0.002605	-0.00261	0.394825	0.084477	-0.01313
0.013173	0.01878	-0.01284	0.438812	0.083112	-0.01183
0.023379	0.02676	-0.01557	0.484445	0.080608	-0.01058
0.03645	0.03443	-0.01702	0.531591	0.07704	-0.00936
0.052347	0.042278	-0.01911	0.58011	0.0724	-0.00818
0.071023	0.049242	-0.02087	0.629861	0.066634	-0.00706
0.092424	0.056087	-0.02092	0.680698	0.059793	-0.00598
0.116488	0.062582	-0.02051	0.732471	0.052009	-0.00496
0.143143	0.068383	-0.02067	0.785028	0.043343	-0.00397
0.172311	0.073611	-0.0204	0.838217	0.033812	-0.00303
0.203907	0.077966	-0.01948	0.89188	0.023485	-0.00214
0.237838	0.081053	-0.01834	0.94586	0.012411	-0.00131
0.274004	0.082993	-0.01709	0.999999	0.00051	-0.00051

附表 1-2　SCLKY100 翼型性能（$Re=5.0\times10^5$）

AOA/（°）	C_l	C_d
-4	-0.105	0.0146
-2	0.117	0.0137

续表

AOA/（°）	C_l	C_d
0	0.339	0.0136
2	0.558	0.0142
4	0.771	0.0152
6	0.974	0.0171
8	1.159	0.0200
10	1.314	0.0245
12	1.427	0.0320
14	1.476	0.0458
16	1.428	0.0728
18	1.232	0.1282

附图 1-2　SCLKY117 翼型外形

附表 1-3　SCLKY117 翼型坐标

x	$y_上$	$y_下$	x	$y_上$	$y_下$
0	0	0	0.3123	0.092649	-0.024281
0.000057	0.001307	-0.001307	0.352613	0.093158	-0.022893
0.000228	0.002605	-0.002605	0.394825	0.092761	-0.021441
0.013173	0.021637	-0.015361	0.438812	0.091164	-0.019928
0.023379	0.030456	-0.019071	0.484445	0.088335	-0.018357
0.03645	0.038909	-0.021294	0.531591	0.084354	-0.016734
0.052347	0.047602	-0.02423	0.58011	0.079214	-0.015064
0.071023	0.055283	-0.026738	0.629861	0.072858	-0.013351
0.092424	0.062693	-0.027392	0.680698	0.065342	-0.011601
0.116488	0.069704	-0.027504	0.732471	0.056812	-0.009823
0.143143	0.076005	-0.028176	0.785028	0.047334	-0.008019
0.172311	0.081642	-0.028342	0.838217	0.036927	-0.00619
0.203907	0.086278	-0.027729	0.89188	0.025655	-0.004342
0.237838	0.089519	-0.026771	0.94586	0.013565	-0.002485
0.274004	0.091508	-0.025597	0.999999	0.0006	-0.0006

附表 1-4　SCLKY117 翼型性能（Re=5.0×10^5）

AOA/（°）	C_l	C_d
−4	−0.106	0.0149
−2	0.116	0.0142
0	0.338	0.0142
2	0.557	0.0149
4	0.769	0.0160
6	0.969	0.0178
8	1.152	0.0206
10	1.305	0.0249
12	1.421	0.0319
14	1.485	0.0440
16	1.469	0.0660
18	1.327	0.1090

附图 1-3　SCLKY150 翼型外形

附表 1-5　SCLKY150 翼型坐标

x	$y_上$	$y_下$	x	$y_上$	$y_下$
0	0	0	0.3123	0.109128	−0.040777
0.000057	0.001307	−0.001307	0.352613	0.109497	−0.039273
0.000228	0.002605	−0.002605	0.394825	0.108822	−0.037573
0.013173	0.027251	−0.020194	0.438812	0.106774	−0.03564
0.023379	0.03767	−0.02582	0.484445	0.103318	−0.033467
0.03645	0.047649	−0.02953	0.531591	0.098543	−0.031067
0.052347	0.058	−0.034099	0.58011	0.092436	−0.028443
0.071023	0.067051	−0.0381	0.629861	0.084937	−0.025595
0.092424	0.075552	−0.039943	0.680698	0.076115	−0.022536
0.116488	0.083573	−0.041061	0.732471	0.066136	−0.019296
0.143143	0.090842	−0.042731	0.785028	0.055075	−0.015888
0.172311	0.097257	−0.043753	0.838217	0.042946	−0.012318
0.203907	0.102416	−0.043746	0.89188	0.029834	−0.008606
0.237838	0.105946	−0.043144	0.94586	0.015805	−0.004772
0.274004	0.108025	−0.042106	0.999999	0.00077	−0.00077

附表 1-6　SCLKY150 翼型性能（$Re=5.0×10^5$）

AOA/（°）	C_l	C_d
-4	-0.117	0.0167
-2	0.116	0.0163
0	0.329	0.0155
2	0.543	0.0163
4	0.748	0.0176
6	0.936	0.0197
8	1.103	0.0235
10	1.242	0.0279
12	1.345	0.0360
14	1.396	0.0493
16	1.378	0.0640
18	1.253	0.1119

附图 1-4　SCLKY180 翼型外形

附表 1-7　SCLKY180 翼型坐标

x	$y_上$	$y_下$	x	$y_上$	$y_下$
0	0	0	0.3123	0.124108	-0.055774
0.000057	0.001307	-0.001307	0.352613	0.124352	-0.054173
0.000228	0.002605	-0.002605	0.394825	0.123425	-0.052256
0.013173	0.032422	-0.024504	0.438812	0.120956	-0.049942
0.023379	0.044281	-0.031892	0.484445	0.116917	-0.047218
0.03645	0.055667	-0.036976	0.531591	0.111413	-0.044107
0.052347	0.067499	-0.043017	0.58011	0.10443	-0.040616
0.071023	0.077792	-0.048379	0.629861	0.095897	-0.036739
0.092424	0.087278	-0.051314	0.680698	0.08589	-0.032495
0.116488	0.096208	-0.053351	0.732471	0.074596	-0.027928
0.143143	0.104347	-0.055941	0.785028	0.062097	-0.023064
0.172311	0.111467	-0.057749	0.838217	0.048412	-0.01791
0.203907	0.117103	-0.058295	0.89188	0.033636	-0.0125
0.237838	0.120888	-0.058018	0.94586	0.017837	-0.006859
0.274004	0.123042	-0.057111	0.999999	0.00092	-0.00092

附表 1-8　SCLKY180 翼型性能（$Re=5.0\times10^5$）

AOA/（°）	C_l	C_d
−10	−0.501	0.0296
−8	−0.340	0.0249
−6	−0.179	0.0220
−4	−0.008	0.0204
−2	0.163	0.0196
0	0.334	0.0193
2	0.505	0.0195
4	0.676	0.0202
6	0.847	0.0217
8	1.008	0.0242
10	1.169	0.0282

附图 1-5　SCLKY240 翼型外形

附表 1-9　SCLKY240 翼型坐标

x	$y_上$	$y_下$	x	$y_上$	$y_下$
0	0	0	0.3123	0.154059	−0.085774
0.000057	0.001307	−0.001307	0.352613	0.154043	−0.083987
0.000228	0.002605	−0.002605	0.394825	0.152599	−0.081642
0.013173	0.043035	−0.032908	0.438812	0.14929	−0.078572
0.023379	0.057646	−0.043906	0.484445	0.144091	−0.074748
0.03645	0.071841	−0.051713	0.531591	0.137128	−0.070226
0.052347	0.086659	−0.060703	0.58011	0.128382	−0.065015
0.071023	0.099413	−0.068809	0.629861	0.117772	−0.059086
0.092424	0.110834	−0.073966	0.680698	0.105393	−0.052466
0.116488	0.121574	−0.077845	0.732471	0.09147	−0.04524
0.143143	0.131442	−0.08226	0.785028	0.076099	−0.037457
0.172311	0.13994	−0.085656	0.838217	0.059309	−0.029132
0.203907	0.146499	−0.087344	0.89188	0.041211	−0.020316
0.237838	0.150778	−0.087746	0.94586	0.021887	−0.011045
0.274004	0.153074	−0.087116	0.999999	0.00123	−0.00123

附表 1-10　SCLKY240 翼型性能（$Re=5.0\times10^5$）

AOA/（°）	C_l	C_d
−12	−0.561	0.0283
−10	−0.424	0.0264
−8	−0.287	0.0251
−6	−0.140	0.0241
−4	0.007	0.0233
−2	0.154	0.0227
0	0.301	0.0222
2	0.448	0.0219
4	0.595	0.0220
6	0.742	0.0226
8	0.889	0.0241
10	1.036	0.0266
12	1.173	0.0308
14	1.310	0.0369

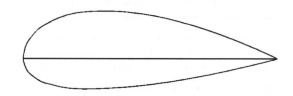

附图 1-6　SCLKY300 翼型外形

附表 1-11　SCLKY300 翼型坐标

x	$y_上$	$y_下$	x	$y_上$	$y_下$
0	0	0	0.3123	0.184006	−0.115777
0.000057	0.001307	−0.001307	0.352613	0.183723	−0.113807
0.000228	0.002605	−0.002605	0.394825	0.181751	−0.111045
0.013173	0.053979	−0.04102	0.438812	0.177586	−0.107239
0.023379	0.071188	−0.055714	0.484445	0.171213	−0.102336
0.03645	0.088231	−0.066246	0.531591	0.162782	−0.096414

续表

x	$y_上$	$y_下$	x	$y_上$	$y_下$
0.052347	0.106041	−0.078177	0.58011	0.152269	−0.089484
0.071023	0.12118	−0.089064	0.629861	0.139577	−0.081498
0.092424	0.134501	−0.096482	0.680698	0.124825	−0.072496
0.116488	0.147064	−0.102204	0.732471	0.108273	−0.062605
0.143143	0.158654	−0.108463	0.785028	0.090037	−0.051897
0.172311	0.168496	−0.113484	0.838217	0.07015	−0.040391
0.203907	0.175938	−0.116348	0.89188	0.048746	−0.028155
0.237838	0.180682	−0.117455	0.94586	0.025919	−0.015241
0.274004	0.183105	−0.117119	0.999999	0.00154	−0.00154

附表 1-12　SCLKY300 翼型性能（$Re=5.0\times10^5$）

AOA/（°）	C_l	C_d
−14	−0.525	0.0276
−12	−0.420	0.0262
−10	−0.315	0.0249
−8	−0.201	0.0239
−6	−0.086	0.0231
−4	0.028	0.0228
−2	0.143	0.0231
0	0.258	0.0239
2	0.372	0.0254
4	0.487	0.0274
6	0.601	0.0300
8	0.716	0.0332
10	0.831	0.0368
12	0.945	0.0408
14	1.050	0.0449
16	1.154	0.0492

附录 2　LIMBACH L275 EF 发动机性能

附表 2-1　不同节气门角度条件下发动机的功率特性

转速/（r/min）		不同节气门角度条件下发动机的功率						
		30°	40°	50°	60°	70°	80°	90°
4000	kW	7.28	8.28	9.31	9.58	9.99	10.52	10.60
	HP	9.89	11.26	12.65	13.03	13.58	14.31	14.41
4500	kW	7.69	8.82	10.12	10.41	10.78	11.66	11.99
	HP	10.46	11.99	13.76	14.16	14.66	15.86	16.30
5000	kW	7.85	9.33	10.83	11.47	12.00	13.09	13.53
	HP	10.67	12.69	14.73	15.59	16.32	17.80	18.39
5500	kW	7.95	9.33	11.34	12.25	13.11	14.64	14.72
	HP	10.81	12.69	15.42	16.66	17.83	19.90	20.01
6000	kW	7.99	9.37	11.74	13.33	14.47	15.99	16.07
	HP	10.86	12.74	15.96	18.12	19.67	21.74	21.85
6500	kW	7.75	9.44	11.89	13.92	15.39	16.75	16.79
	HP	10.54	12.83	16.16	18.92	20.92	22.78	22.82
7000	kW	—	9.87	12.61	15.15	16.75	17.59	17.58
	HP	—	13.43	17.14	20.60	22.77	23.92	23.91
7500	kW	—	—	13.16	16.15	17.83	18.63	18.58
	HP	—	—	17.89	21.95	24.25	25.33	25.26

附表 2-2　不同节气门角度条件下发动机的扭矩特性

转速/（r/min）	不同节气门角度条件下发动机的扭矩/（N·m）						
	30°	40°	50°	60°	70°	80°	90°
4000	17.37	19.77	22.21	22.87	23.84	25.11	25.3
4500	16.32	18.71	21.48	22.09	22.87	24.74	25.43
5000	14.99	17.37	20.69	21.9	22.92	24.99	25.83
5500	13.8	16.2	19.68	21.27	22.76	25.41	25.55
6000	12.71	14.91	18.68	21.2	23.02	25.44	25.57
6500	11.39	13.86	17.46	20.44	22.6	24.61	24.66
7000	—	13.47	17.19	20.66	22.84	23.99	23.98
7500	—	—	16.75	20.55	22.7	23.71	23.65

附表 2-3　不同节气门角度条件下发动机的工时耗油特性

转速/（r/min）		不同节气门角度条件下发动机的工时耗油						
		30°	40°	50°	60°	70°	80°	90°
4000	g/（HP·h）	274.6	273.66	273.79	300.92	312.37	330.7	347.65
	kg/（kW·h）	0.373	0.372	0.372	0.409	0.425	0.45	0.473
4500	g/（HP·h）	277.4	282.5	275.61	310.45	327.43	338.72	354.9
	kg/（kW·h）	0.377	0.384	0.375	0.422	0.445	0.461	0.483
5000	g/（HP·h）	283.44	280.05	281.06	307.22	324.35	337.6	359.54
	kg/（kW·h）	0.385	0.381	0.382	0.418	0.441	0.459	0.489
5500	g/（HP·h）	289.16	288.13	290.19	307.25	320.77	338.1	371.55
	kg/（kW·h）	0.393	0.392	0.395	0.418	0.436	0.46	0.505
6000	g/（HP·h）	291.9	278.39	284.25	282.01	307.35	327.9	357.17
	kg/（kW·h）	0.397	0.379	0.387	0.384	0.418	0.446	0.486
6500	g/（HP·h）	309.05	292.91	289.24	276.5	302.01	317.99	343.97
	kg/（kW·h）	0.42	0.398	0.393	0.376	0.411	0.432	0.468
7000	g/（HP·h）	—	295.15	287.07	268.95	284.21	308.77	322.65
	kg/（kW·h）	—	0.401	0.39	0.366	0.387	0.42	0.439
7500	g/（HP·h）	—	—	284.48	271.19	277.11	294.05	308.99
	kg/（kW·h）	—	—	0.387	0.369	0.377	0.4	0.42

附录 3　L2400 DX 发动机性能数据

附表 3-1　节气门角度相关不同转速时的功率输出

转速/（r/min）	节气门角度相关不同转速时的功率输出/HP							
	20°	30°	40°	50°	60°	70°	80°	90°
2000	29.8	59.1	71.8	80	84.8	86	88.7	92.8
2200	30	64.3	80.1	89.8	95.7	100	103.1	107
2400	30.2	66.6	86.3	99.3	107.1	111.3	116.3	121.1
2600	30.7	69.5	92.5	107.4	121.7	129.3	129.5	135
2800	30.9	71.5	98.4	117.3	135	140.4	147.7	150.3
3000	31.1	73.6	100.6	124.6	143.7	153.7	160.6	162.4

附表 3-2　进气压力相关不同转速时的功率输出

进气压力/inHG	进气压力相关不同转速时的功率输出/HP					
	2000r/min	2200r/min	2400r/min	2600r/min	2800r/min	3000r/min
24	31.4	32.8	37.6	41.5	44.4	51.0
26	37.7	41.2	44.7	47.7	50.8	56.4
28	42.6	46.3	50.4	56.3	59.4	65.3
30	47.7	51.7	57.6	62.9	67.8	75.4
32	52.4	59.8	65.6	70.4	79.1	85.6
34	57.5	64.7	72.6	79.6	87.4	95.2
36	63.1	71.4	79.1	87.8	98.2	105.3
38	68.5	79.2	86.4	95.7	105.4	113.2
40	74.3	84.2	93.2	103.9	114.4	121.5
42	81.9	93.1	102.9	111.7	123.6	131.2
44	—	101.8	111.6	121.3	131.7	141.6
46	—	—	—	128.4	139.7	150.1
48	—	—	—	—	148.1	162.4

附表 3-3　节气门角度相关不同转速时的功时耗油

节气门角度	节气门角度相关不同转速时的功时耗油/［g/（HP·h）］					
	2000r/min	2200r/min	2400r/min	2600r/min	2800r/min	3000r/min
20°	205	223	231	228	227	232
30°	175	174	178	177	183	181
40°	172	170	172	171	173	174
50°	166	168	170	171	168	171
60°	166	168	168	169	169	168
70°	165	165	173	166	169	173
80°	167	169	170	180	177	173
90°	175	179	184	190	191	192